A VIDA SEMPRE TEM UM SENTIDO?

**COMO ENCONTRAR
SIGNIFICADO NOS ALTOS E BAIXOS
DA SUA JORNADA**

ALBERTO NERY

A VIDA SEMPRE TEM UM SENTIDO?

COMO ENCONTRAR SIGNIFICADO NOS ALTOS E BAIXOS DA SUA JORNADA

PAIDÓS

Copyright © Alberto Nery, 2023
Copyright © Editora Planeta do Brasil, 2023
Todos os direitos reservados.

Preparação: Ana Maria Fiorini
Revisão: Renata Miloni e Ricardo Liberal
Projeto gráfico e diagramação: Dimitry Uziel
Capa: Cristina Gu
Ilustração de capa: Henri Campeã

Dados Internacionais de Catalogação na Publicação (CIP)
Angélica Ilacqua CRB-8/7057

Nery, Alberto
   A vida sempre tem um sentido? / Alberto Nery. – 1. ed. – São Paulo: Planeta do Brasil, 2023.
   176 p.

   ISBN: 978-85-422-2205-0

   1. Psicanálise 2. Frankl, Viktor E. (Viktor Emil), 1905-1997 I. Título

23-1843   CDD 150.195

Índice para catálogo sistemático:
1. Psicanálise

Ao escolher este livro, você está apoiando o manejo responsável das florestas do mundo

2023
Todos os direitos desta edição reservados à
EDITORA PLANETA DO BRASIL LTDA.
Rua Bela Cintra, 986, 4º andar – Consolação
São Paulo – SP CEP 01415-002
www.planetadelivros.com.br
faleconosco@editoraplaneta.com.br

SUMÁRIO

INTRODUÇÃO
7

1 TRAGÉDIA ANUNCIADA
13

2 BENJAMIN
26

3 *EXPERIMENTUM CRUCIS*
39

4 VIRAR AS COSTAS PARA VIENA?
55

5 UM SENTIDO PARA A VIDA
64

6 O QUE É O HOMEM?
88

7 UMA RESPOSTA AO SOFRIMENTO
103

8 O LOGOS É MAIS PROFUNDO DO QUE A LÓGICA
126

9 APOLOGIA DA PAZ
145

NOTAS DE FIM
169

INTRODUÇÃO

Janeiro de 2010. Seguia de moto pela rodovia Raposo Tavares, na Grande São Paulo, em direção ao quilômetro 25. Tinha uma reunião marcada para as 9h, mas as boas conversas com os amigos pastores, acompanhadas de um farto café da manhã, justificavam chegar um pouco antes. No caminho, apesar da trepidação possante do motor daquela saudosa Harley-Davidson, foi possível sentir o celular vibrar. Chegando ao meu destino, havia uma ligação perdida de um número desconhecido, mas que deixou uma simpática mensagem na caixa postal.

Era o ilustre dr. Esdras Vasconcellos, do Instituto de Psicologia da Universidade de São Paulo, com a gentileza que lhe é característica, me avisando que havia aceitado a minha candidatura a uma das vagas de aluno especial em sua disciplina sobre resiliência humana, que teria início dentro de algumas semanas. Retornei a ligação, conversamos um pouco, agradeci pela oportunidade.

Naquele momento, tive a intuição de que estava prestes a dar um passo muito importante na vida. Por trás do sorriso daquele jovem pastor, havia muito mais que um alguém tentando retomar sua trajetória acadêmica. A vida pessoal e profissional já estava havia algum tempo no limite. Já não via mais sentido na maior parte das coisas que ocupavam meu dia a dia. O resultado das escolhas mais importantes que tinha feito na vida até então era objeto de um constante arrependimento. Nada mais parecia fazer sentido. Quando as coisas não saem como planejamos, os questionamentos sobre o sentido da vida e das nossas decisões se apresentam diante de nós de forma intensa.

Na terapia, já havia tomado consciência de tudo isso, mas a força das circunstâncias e das minhas convicções me impedia de tomar uma atitude. Entendi que a evolução na vida acadêmica poderia, em algum tempo, me ajudar a criar as condições necessárias para a mudança que desejava e investi todas as minhas esperanças nessa oportunidade.

Em um momento como esse, acabei escolhendo cursar justamente uma disciplina sobre resiliência... "Freud explica", você deve estar pensando, com um sorriso silencioso. Mas a razão da minha escolha foi bem mais trivial do que qualquer explicação psicanalítica. Minha candidatura à disciplina do dr. Esdras foi uma entre outras dez que havia feito. Apenas ele e a dra. Zélia Ramozzi me aceitaram como aluno. Feliz coincidência ou uma inexplicável providência?

Difícil saber, mas a verdade é que talvez Jung explicaria essa sincronicidade de forma mais eficiente do que Freud.

As aulas começaram. O retomar dos estudos, visando à possibilidade de ingressar em um mestrado, na universidade em que sempre sonhara estudar, foi, de fato, uma experiência memorável. Nada que se comparasse, no entanto, ao que estava por vir. Ao ouvir sobre as diferentes teorias e conceitos da psicologia e das neurociências que nos ajudavam a compreender essa peculiar capacidade humana – a resiliência –, um título em especial, em meio às demais referências bibliográficas, me chamou a atenção mais do que os outros: *Em busca de sentido: um psicólogo no campo de concentração*.

Fiquei interessado em um primeiro momento pela temática do Holocausto, um dos fatos históricos que sempre me despertaram interesse. Além disso, minha curiosidade foi aguçada pelo fato de nunca ter ouvido falar sobre um livro escrito por um psicólogo a partir de suas experiências em um campo de concentração. A aula sobre esse assunto estava marcada para a metade do semestre, mas não consegui esperar até lá. Comprei o livro o quanto antes e iniciei a leitura, que não durou mais do que alguns dias.

Tomar conhecimento da vida e das ideias de Viktor Frankl me impactou como outras poucas leituras até então. Gosto de contar que fui alvo das três reações típicas que acometem todos os que concluem a leitura desse livro. A primeira delas é a admiração pela Logoterapia, teoria psicológica tão atual e necessária para a compreensão do indivíduo contemporâneo. "Preciso aprender mais sobre isso", pensava sem parar. Fui atrás de outros títulos, encontrei uma coisa aqui e ali e comecei a estudar o tema mais a fundo.

Ao mesmo tempo, passei a nutrir uma enorme simpatia pela pessoa do narrador e personagem principal da obra, Viktor Frankl. Parecia que o conhecia havia anos – sua clareza e simplicidade na exposição das ideias, seu bom humor, sua fé e tantos outros traços admiráveis. Um perfil bem diferente de uma série de "heróis" da psicologia moderna. Queria saber mais sobre ele, sobre sua vida. A verdade é que terminei a leitura com a vontade de dar um abraço em alguém que parecia ser um velho amigo.

E, por fim, fiquei boquiaberto com o fato de nunca ter ouvido falar de Frankl e de suas ideias durante meus cinco anos de graduação em psicologia. Como assim? Não era possível. Por que nunca ouvira falar sobre esse assunto? Alguma coisa precisava ser feita para resolver isso. As pessoas precisam aprender mais sobre a Logoterapia. Essa era a natureza dos pensamentos que me inundavam.

Para além do conhecimento psicológico que adquiri através da leitura e da posterior exposição do tema em aula, tomar conhecimento de Frankl e da Logoterapia marcou o início de um ponto de virada na minha vida. De imediato, adotei a Logoterapia como referencial teórico para as pesquisas do meu projeto de mestrado. Em paralelo, passei a ler e procurar saber cada vez mais sobre o assunto. As referências na internet eram escassas, mas, ainda assim, descobri muitas coisas interessantes. Ao conhecer e aplicar os conceitos, e ao tomar o exemplo de vida do próprio Frankl como inspiração, passei por uma transformação interior, rumo a uma existência na qual reencontrei um sentido.

Encurtando uma longa história, por mais de uma década tenho estudado a Logoterapia e sido beneficiado por ela. Adotei-a como referência para o atendimento dos meus pacientes, passei a ensiná-la na universidade quando, alguns anos depois, consegui efetivar minha transição de carreira e, nos últimos anos, passei a ensiná-la e falar sobre ela nas redes sociais. Além de conhecer os fundamentos da teoria, criei um instituto no qual ofereço formação e pós-graduação em Logoterapia.

É impossível mensurar o impacto que a Logoterapia vem tendo em minha vida pessoal e profissional. Assumi como missão torná-la mais conhecida pelas pessoas de maneira geral e nos meios acadêmicos da psicologia. Conheci muitos amigos nessa jornada e posso dizer que já avançamos muito nesses objetivos.

O livro *Em busca de sentido* é a porta de entrada para a Logoterapia para a maior parte das pessoas. Já o reli em muitas ocasiões, já fiz estudos aprofundados sobre os conceitos ali apresentados e, principalmente, me empenhei em compreender com mais profundidade os detalhes que encontramos nas entrelinhas do texto, sobre os quais não temos tantas fontes de informação. Viajei para alguns dos lugares onde as histórias aconteceram, fiz entrevistas e me aprofundei na compreensão do contexto da história contada. O presente livro é justamente sobre essa jornada. A ideia central do pensamento de Frankl é uma resposta a uma das grandes questões do indivíduo contemporâneo: será que a vida tem mesmo um sentido?

Este livro se propõe a oferecer uma resposta para essa pergunta. Por meio de uma viagem pela vida e obra de Viktor Frankl, pretendo mostrar ao leitor que, mesmo diante das adversidades, o ser humano continua sendo "um ser em busca de sentido" e, mais que isso, que uma vida repleta de sentido é uma realidade ao nosso alcance.

Espero que esta seja uma leitura útil e produtiva.

ALBERTO NERY
5 DE OUTUBRO DE 2022

1
TRAGÉDIA ANUNCIADA

> *Será que também desta festa mundial da morte, e também da perniciosa febre que inflama o céu da noite chuvosa, ainda surgirá o amor?*
>
> **Thomas Mann**, em *A montanha mágica**

"Um texto fora do contexto é um pretexto." Perdi a conta de quantas vezes ouvi essa frase dita pelo meu professor de grego e crítica textual no seminário teológico. Não aprendi tão bem o grego, mas, em compensação, aprendi que conhecer o contexto dos fatos e as circunstâncias das pessoas neles envolvidas é condição necessária para uma boa prática de pesquisa e atuação na psicologia.

O contexto é um requisito fundamental para a compreensão das diferentes situações em que a vida e a história acontecem. Por isso, faz-se necessário, antes de apresentar ao leitor qualquer proposta sobre a reflexão a respeito do sentido da vida na contemporaneidade, fazermos uma breve viagem no tempo, a fim de compreendermos o contexto no qual essas ideias se desenvolveram. A cidade de Viena no início do século 20 é o nosso destino.

---
*MANN, Thomas. *A montanha mágica*. Trad. Herbert Caro. São Paulo: Companhia das Letras, 2016.

Na virada do século 19 para o 20, a atmosfera que reinava na Europa era de grande otimismo, associado a uma firme esperança no contínuo progresso humano. As grandes descobertas e evoluções científicas e tecnológicas do século 19, além do surgimento de novas ideologias, ajudaram a fazer do nascer do século 20 "uma aurora resplandecente", um período no qual a esperança de um futuro promissor foi maior do que em qualquer outro momento da nossa história.[1] De maneira geral, o mundo e a sociedade deparavam-se com uma grande oportunidade de florescimento. No contexto euro-americano, era notável o aumento da expectativa de vida, bem como a melhoria de suas condições, à medida que a fome e as guerras diminuíam e ideias como democracia e promoção da liberdade se popularizavam.[2] Não por acaso, chamamos esse breve período da nossa história recente de *Belle Époque*.

Viena era uma das grandes capitais europeias nesse período. Um lugar capaz de despertar em qualquer amante da música, das belas-artes ou da psicologia uma curiosidade especial. O fato de ter sido palco do surgimento de tantos gênios da arte e da ciência nos chama a atenção. Por que justamente lá? Como se diz na linguagem popular, o que havia de diferente na "água que eles bebiam"?

A realidade é que, embora a água do Danúbio não tivesse nenhum elemento singular que favorecesse o desenvolvimento artístico e intelectual de sua população, outros fatores nos ajudam a compreender o que havia de especial naquele local. Eric Weiner ressalta que "a virada do século ocorre em meio a uma explosão muito mais ampla de genialidade que atingiu todas as áreas imagináveis – ciência, psicologia, arte, literatura, arquitetura e filosofia"[3] e que, nesse contexto, se existe um lugar que pode reivindicar o título de Berço do Mundo Moderno, esse lugar é Viena.[4]

O estilo de vida do século 20, que adentrou os nossos dias em muitas de suas características, é fortemente marcado pelo que foi vivido e criado em Viena naquele período. Havia uma espécie de energia intelectual e artística disseminada por toda a cidade, e foi nesse ambiente que surgiu "muito daquilo que consideramos bom e moderno, da arquitetura à moda, da tecnologia à economia". As raízes da modernidade podem ser encontradas "nas ruas elegantes, sinuosas e fervilhantes da Viena da virada do século".[5]

Uma das principais cidades da Europa no início do século 20, Viena era uma capital que encarnava bem o espírito da época. Sua população já havia ultrapassado 1,3 milhão de pessoas na última década do século 19.[6] É sobretudo nos vinte anos compreendidos entre cerca de 1890 e 1910 que surge e se consolida aquilo que posteriormente foi chamado de *Wiener Moderne*, ou "modernidade vienense".

Uma das peculiaridades da cidade é que somente a metade dos seus habitantes era natural dali, o que fazia de Viena um proeminente polo multicultural. Um verdadeiro caldeirão: de povos, de culturas e de ideias. Era também um local com um custo de vida muito elevado, o que obrigava boa parte da sua população a viver em moradias pequenas e, muitas vezes, sem aquecimento. Isso favorecia uma vida urbana que era centrada em lugares públicos.

Que tal um bom café?

Nenhum desses lugares públicos era mais popular do que os cafés. Muito antes de a Starbucks dominar o mundo, as cafeterias de Viena já haviam ajudado a criar a cultura de se apreciar um bom café acompanhado de uma fatia de *cremeschnitte* – uma tradicional torta vienense – enquanto se buscava ficar bem informado das novidades. Em tempos nos quais nem se imaginava o surgimento da internet e do Wi-Fi, os cafés de Viena disponibilizavam jornais para que seus frequentadores se atualizassem das últimas notícias. Eram lugares democráticos, aonde as pessoas iam para ouvir as notícias e opiniões correntes e para trocar ideias sobre elas.

Era comum que os frequentadores tivessem seus lugares cativos nos seus cafés preferidos. Sabemos, por exemplo, que Gustav Klimt e outros artistas eram frequentadores do Café Sperl. Freud, por sua vez, era um *habitué*, assim como outros intelectuais, do Café Landtmann. Já Adler gostava de reunir seus pupilos no Café Siller. Infelizmente, porém, nem só de cafés, tortas, arte, ciência e filosofia se alimentavam os moradores de Viena.

O antissemitismo era um movimento político e ideológico que se confundia com a própria história de Viena e, no início do século 20, se renovava e ganhava muitos adeptos. Um deles era o jovem Adolf Hitler, vindo do interior em 1907.[7] A relação do antissemitismo com seu resultado macabro algumas décadas mais tarde, bem como a maneira como afetou a vida e as ideias do personagem principal deste livro, nos leva a um mergulho mais profundo nessa particularidade da história. Mais do que isso, vivemos em tempos nos quais o estudo e a constante lembrança dos fatos e do contexto que tornaram o Holocausto possível precisam ser relembrados sempre, a fim de que não se repitam.

Os judeus em Viena

A compreensão da história da presença dos judeus em Viena é de fundamental importância para entendermos a perseguição que irrompeu no século 20. Os campos de concentração e as câmaras de gás não surgiram de um dia para o outro, mas, como veremos, representam o auge de um sentimento de ódio que atravessou séculos, cujas raízes extrapolam os limites da racionalidade e que encontrou na doutrina nazista sua expressão mais aguda e acabada.

Remontando ao início dessa história, as primeiras evidências da chegada dos judeus em Viena datam da colonização da região pelo Império Romano. Desde o século 5, no entanto, há indícios de uma presença maior de viajantes e comerciantes judeus na região. No século 12, já existiam duas sinagogas em Viena. Como em boa parte da Europa, o sentimento de aversão aos judeus se instaurou de forma mais intensa a partir da Alta Idade Média, quando a vida deles passou a ser afetada pelo ódio, pela violência e pela discriminação.

Ao final do século 13, uma comunidade com cerca de mil judeus já vivia na cidade. Perseguições, expulsões e confisco de bens e recursos financeiros eram situações comuns e que se repetiam de quando em quando. No período em que a peste negra assolou a Europa, o antissemitismo se intensificou, pois os judeus eram comumente responsabilizados pela epidemia, o que serviu de justificativa para um sem-número de perseguições.

Uma das maiores perseguições registradas aconteceu no século 15. Em 1420, judeus foram presos, torturados e executados, mas oitenta deles conseguiram se refugiar na sinagoga Or Zarua, na Praça dos Judeus. Durante três dias, foram cercados e acabaram morrendo por falta de água e alimentos. Depois disso, poucos judeus permaneceram na cidade e, no decorrer dos séculos 15 e 16, sua presença foi pequena, vivendo sempre sob ameaça e sem usufruir de direitos. Na obra *Sobre os judeus e suas mentiras*, escrita em 1543, o teólogo protestante Martinho Lutero defende a perseguição aos judeus, bem como a apropriação de seus recursos financeiros. Embora tenha divergido em outras questões teológicas, nesse aspecto o reformador permaneceu alinhado com o pensamento religioso da época, que se popularizou de forma precoce no cristianismo e atravessou os séculos. O texto que tempos depois foi evocado pela alta liderança nazista certamente não é a causa principal da repulsa aos judeus dominante na época, mas é simbólico por dar testemunho de como, entre os povos germânicos, já pairava um espírito antijudaico, que se estenderia pelos séculos seguintes.[8,9]

Em 1670, os judeus foram novamente expulsos de Viena, então pelo imperador Leopoldo I. Há indícios de que entre 3 e 4 mil judeus foram banidos e tiveram suas propriedades confiscadas. Por fim, o imperador autoriza os judeus a viverem numa área mais afastada, onde posteriormente se organizou o atual bairro de Leopoldstadt.[10] O lugar, cercado por um muro, foi chamado de Judenstadt, isto é, "cidade dos judeus". Para poderem viver ali, pagavam altos impostos tanto ao governo da cidade como ao Tesouro imperial. Por um breve período, desfrutaram de relativa liberdade e construíram uma sinagoga.

Ao final do século 17, os judeus mais abastados foram convidados a regressar a Viena, sob o título de "indivíduos tolerados". Ainda assim, a população se restabelece com um número menor de indivíduos, que precisam pagar uma quantia inicial muito alta para poderem se fixar na cidade, além de um elevado imposto anual. Seus direitos são limitados, não podem circular por toda a cidade e nem possuir imóveis.

Sob a liderança de José II, um governante influenciado pelos ideais iluministas, a situação dos judeus passa por mudanças significativas. Em 1781, José II aboliu o uso do distintivo amarelo nas roupas e um imposto específico para judeus. No ano seguinte, emitiu o "Édito de Tolerância" (Toleranzpatent), mediante o qual os judeus passaram a ser autorizados a frequentar a universidade, exercer determinadas profissões e circular pela cidade livremente. Apesar disso, o uso do iídiche e do hebraico seguiu proibido, os judeus eram obrigados a germanizar seus nomes e ainda não podiam adquirir imóveis.

No século 19, durante a era napoleônica, direitos relevantes foram conquistados pelos judeus em toda a Europa. Sob a influência de importantes famílias, a questão judaica foi trazida à tona e esforços foram feitos para a manutenção dessa população. Embora severas restrições ainda permanecessem, em 1811, foram autorizados a instalar uma Betstube, uma sala de orações em suas casas. Alguns anos mais tarde, em 1824, são autorizados a construir uma nova sinagoga, algo que estava proibido desde 1671.

Entre avanços e retrocessos na conquista dos seus direitos, em 1867, sob o governo do imperador Francisco José, os judeus do Império Austro-Húngaro foram finalmente emancipados. Isso serviu como incentivo para que a população judaica de Viena aumentasse em grande número, devido à imigração de judeus de outras regiões do Império. Em 1846, contavam-se 3.739 judeus na cidade; oito anos mais tarde, esse número já alcançava cerca de 15 mil pessoas.

A partir da segunda metade do século 19, houve uma grande expansão na economia e na indústria do Império Austro-Húngaro. Agora livres de restrições, os judeus assumiram papéis importantes nos negócios, na indústria e nas profissões liberais. Muitas instituições assistenciais foram criadas nesse período, como o Hospital Rothschild. A população judaica continuou crescendo, atingindo 40,2 mil pessoas em 1870 e cerca de 147 mil na virada do século, o que representava mais de 10% da população da cidade.

No final do século 19, entretanto, a cidade de Viena foi tomada pela onda social-cristã, um movimento ideológico propagado por Georg Ritter que se apoiava num forte antissemitismo, em conjunto com um novo tipo de nacionalismo: o pangermanismo.

Em 1897, depois de ter resistido por dois anos, o imperador Francisco José ratificou o antissemita Karl Lueger, líder do Partido Social Cristão, como prefeito. A gestão de Lueger deu início a uma década que combinou muitos fatores, dentre os quais se destacava o clima de antissemitismo. Lueger se apoiava nas tendências antiprogressistas e antijudaicas das classes média e baixa de Viena, e fez desses discursos a sua proposta política. Seu governo durou até 1910, e a tônica desses dias serviu como prenúncio da desgraça que se anunciava para os judeus, e que se confirmou de forma mais concreta em 1938.

Diante de tal contexto histórico, político e social, a situação dos judeus em Viena era um tanto quanto paradoxal. Se, por um lado, havia uma tensão permanente e o receio de que as perseguições que marcaram a história da cidade se intensificassem a qualquer momento, por outro, crescia a importância dos judeus na vanguarda da cena artística, científica e econômica.

Havia uma grande explosão de genialidade na cidade, e, para Eric Weiner, autor da obra intitulada *Onde nascem os gênios*, a presença dos judeus em Viena foi um dos fatores que proporcionaram a efervescência desse momento histórico. Sua tese está em acordo com um fato peculiar no Império Austro-Húngaro e que se reproduzia também na constituição da população plural de Viena. Embora metade das pessoas fosse oriunda de outros povos, uma pequena parcela se destacava no campo intelectual. Apesar de serem uma parcela menor da população, compreendiam mais da metade dos médicos e advogados, quase dois terços dos jornalistas e um número desproporcionalmente alto de gênios criativos da cidade, como o escritor Arthur Schnitzler, o compositor Arnold Schoenberg, o filósofo Wittgenstein e o próprio Freud.[11]

Apocalipse alegre

A situação de precariedade dos judeus era apenas um dos ingredientes de uma sociedade que vivia à beira do caos. O contexto político e social conturbado e a fecundidade cultural na Viena do final do século 19 levaram o dramaturgo Karl Kraus a chamar a cidade de "laboratório de fins de mundo", enquanto o escritor Hermann Broch a definiu como um "apocalipse alegre". Por mais contraditória que pareça, a expressão de Broch era uma síntese apropriada para descrever a capital do Império Austro-Húngaro, onde, por um lado, o cenário político tenebroso e polarizado levava a crer que a cidade estava à beira de um colapso, mas, por outro, o desenvolvimento cultural, artístico e intelectual avançava de vento em popa.

Os contrastes da cena vienense também se manifestavam em muitas capitais europeias. O celebrado humanismo tinha o antissemitismo como contraponto. As descobertas científicas que proporcionavam o desenvolvimento tecnológico e industrial soavam como vozes dissonantes em meio ao conservadorismo da corte dos Habsburgo, e a ebulição artística e criativa se opunha a um regime monárquico em decadência. Esse caldeirão de ideologias e tendências produziu desdobramentos que impactariam o início da Primeira Guerra Mundial e continuariam ecoando até a ascensão nazista na Áustria.

Nada ilustra melhor essa pluralidade e a consequente tensão provocada por ela do que o fato de que Stalin, Trótski, Hitler e Freud viveram em Viena na mesma época.[12] É possível, inclusive, que tenham se cruzado em alguma esquina ou em um dos cafés da cidade. O fato é que as ideias que saíram da Viena desse período ajudaram a moldar o *zeitgeist* do mundo contemporâneo.

Nessa época, o Império Austro-Húngaro era um caleidoscópio de etnias e culturas, e conflitos e movimentos emancipatórios eram constantes. A Bósnia, anexada oficialmente ao Império em 1908, era um desses locais de grande instabilidade. Além das questões étnicas, a pluralidade religiosa – com católicos, protestantes, cristãos ortodoxos e muçulmanos – tornava o clima ainda mais preocupante. Entre os jovens, muitos não se conformavam com a anexação e cultivavam o ideal de recuperar a independência do país. Gavrilo Princip era um deles. Em 28 de junho de 1914, participou do atentado terrorista planejado pela organização nacionalista Mão Negra e assassinou Francisco Ferdinando, herdeiro do Império Austro-Húngaro, e sua esposa, Sofia, que faziam uma visita a Saraievo, capital da Bósnia.[13]

Como o leite que chega ao seu ponto de fervura, o caldeirão de conflitos e tensões que era o Império Austro--Húngaro chegou também ao seu ponto de ebulição. Os grandes impérios europeus acompanharam a escalada da tensão e a Primeira Guerra Mundial foi o resultado. Entre 28 de julho de 1914 e 11 de novembro de 1918, seis impérios ou potências coloniais entraram em choque: Reino Unido, França, Rússia, Alemanha, o Império Austro-Húngaro e o Império Otomano. Cerca de 20 milhões de homens foram mobilizados no começo da guerra em 1914, um número que aumentaria pouco a pouco até chegar próximo aos 60 milhões. O saldo do conflito é de cerca de 9 milhões de combatentes mortos e outros 20 milhões feridos.[14]

Além dos conflitos diretos entre os protagonistas da disputa, a Primeira Guerra serviu como pano de fundo para o genocídio de um milhão de armênios, massacrados pelo Império Otomano, e para uma guerra civil que eclodiu na Rússia, pondo fim ao regime czarista e marcando o início do projeto socialista. Para piorar o quadro, a carnificina da guerra veio acompanhada da "gripe espanhola", que deixou pelo menos 20 milhões de mortos na Europa. Anos depois, o capitalismo enfrentaria sua maior crise e o *crash* da bolsa de Nova York é acompanhado da chamada Grande Depressão, que empurrou boa parte do mundo para uma situação de precariedade cujos desdobramentos políticos e sociais se estenderam por anos.

Se o século 20 iniciou com uma crença inabalável no desenvolvimento da humanidade, suas primeiras décadas revelaram um quadro desolador. Epidemia, guerras, crises humanitárias e econômicas, genocídios. O cenário era tenebroso. No contexto de todas essas tragédias, não seria um absurdo afirmarmos que, além dos milhões de mortos e feridos, as grandes vítimas desses acontecimentos foram o otimismo emergente do início do século e a crença no mundo ocidental de que a humanidade havia finalmente alcançado um estado de progresso, alavancado pelas descobertas científicas e tecnológicas.

Em pouco mais de vinte anos, o século mais promissor da era moderna já se transformara no mais miserável e sinistro. O ser humano mostra que a face maligna de sua natureza está mais evidente do que nunca. Esse cenário é fundamental para a compreensão da escalada da perversidade que se instaura e de suas consequências na vida do protagonista da nossa história. Diante de uma realidade tão devastadora, quem em sã consciência acreditaria, a essas alturas, que a vida pudesse ter qualquer sentido?

2
BENJAMIN

Os sacerdotes já não são mais pastores de almas; agora são os médicos.

Soren Kierkegaard*

As consequências da desastrosa aventura bélica dos austríacos condenam sua população a tempos difíceis. O pequeno Viktor precisava sair silenciosamente de sua casa na rua Czerningasse n. 6 todas as madrugadas, e enfrentar o frio do rigoroso inverno vienense. Embora tivesse apenas 10 anos de idade, cabia a ele a responsabilidade de guardar um lugar na fila dos mantimentos para conseguir algumas batatas que ajudassem a sustentar a família. Às 7h30, sua mãe assumia o lugar na fila para que ele pudesse ir para a escola. Mendigar alimentos aos fazendeiros da região também era uma alternativa quando a fome apertava.[1]

O ano é 1915 e, em Viena, um dos epicentros da Primeira Guerra Mundial, há escassez de alimentos. Quem iria imaginar que o atentado do jovem nacionalista Gavrilo

---

*FRANKL, Viktor E. *Teoria e terapia das neuroses*. Trad. Claudia Abeling. São Paulo: É Realizações, 2016. p. 161.

Princip contra o sucessor do trono austríaco teria consequências tão trágicas? Os ânimos se acaloraram rapidamente, as nações se alinharam e, depois de um longo período de relativa paz, prosperidade e progresso, o fantasma da guerra assolou a Europa mais uma vez.

Nascido em Viena, em 23 de março de 1905, Viktor Emil Frankl era o segundo de três filhos do casal Gabriel e Elsa. Sua mãe, vinda de Praga, pertencia a uma linhagem respeitável no judaísmo, sendo descendente de figuras ilustres, como o Rashi (1040-1105 d.C.), importante intérprete da Bíblia hebraica e do Talmude, e o rabino Loew (1526-1609 d.C.), de Praga. Seu pai, Gabriel, vindo da Morávia do Sul, ocupava um posto de diretor no Ministério de Serviço Social. Não eram ricos, mas viviam em uma situação confortável até o começo da guerra.

A situação de privação e emergência que impediu o garoto Viktor de realizar alguns sonhos comuns de criança, como ter uma bicicleta e tornar-se um escoteiro, durou até o final de 1918. A essa altura, Viktor já havia se tornado um adolescente e seus interesses também já eram outros. Sobretudo, ficou fascinado com a leitura de textos científicos de autoria de Wilhelm Ostwald (1853-1932), ganhador do prêmio Nobel de química em 1909, e de Gustav Theodor Fechner (1801-1887), um dos pioneiros nos estudos da psicologia enquanto ciência. Ao mesmo tempo, a preocupação com a desigualdade social despertava em Frankl o desejo de conhecer melhor os ideais socialistas que se tornavam famosos na época em virtude da Revolução Russa e criavam a expectativa de um mundo mais justo. Nessa época, passou a prestar serviços para os Jovens Trabalhadores Socialistas.

A filosofia também fazia parte dos seus interesses e, aos 16 anos, Frankl teve a chance de fazer a sua primeira palestra pública em um centro de educação de adultos com o tema "Sobre o sentido da vida". Esse, por sinal, era um dos assuntos que já lhe ocupavam os pensamentos de maneira recorrente. Ao acordar, tinha o costume de ficar por mais alguns minutos na cama, sentado, tomando um café e pensando sobre o sentido da vida, em especial o sentido do dia que tinha pela frente. Convenhamos que, mesmo em se tratando do início do século 20, o jovem Viktor não era o que poderíamos chamar de um adolescente padrão. Seus interesses eram um tanto precoces.

A nascente ciência psicológica, em especial, despertava a sua atenção, a ponto de levá-lo a assistir a cursos de psicologia aplicada na Universidade Popular e, sempre que possível, a frequentar aulas universitárias de importantes discípulos de Freud. Em 1923, ao terminar o ensino médio, fez como trabalho de conclusão um estudo sobre o filósofo Schopenhauer. Nessa época começou também a ter seus primeiros textos publicados na sessão para jovens do periódico *Der Tag* (*O Dia*).[2]

Ainda como estudante de ensino médio, embora com interesse em muitas áreas, decidiu-se pela medicina, em especial, pela psiquiatria. Certamente, a decisão foi influenciada pelo contato com o seu novo amigo de correspondências: ninguém menos do que já conceituado dr. Sigmund Freud (1856-1939). A nova ciência psicológica, representada pela psicanálise, estava em todos os lugares e o dr. Freud, que havia muito já tinha deixado de ser uma novidade excêntrica, exercia cada vez mais influência entre estudantes e interessados no tema.

A leitura do texto "Além do princípio do prazer", publicado em 1920, impactou profundamente o jovem Frankl, a ponto de motivá-lo a tomar coragem e escrever, despretensiosamente, uma carta para Freud, falando sobre as ideias despertadas pela leitura dos textos do pai da psicanálise.

Para sua surpresa, Freud não somente respondeu à primeira carta como passou a trocar correspondências regularmente com o garoto Viktor. Um ano depois, os dois se conheceram pessoalmente. Em uma caminhada pelas ruas de Viena, Frankl reconheceu à distância o eminente Freud e seguiu seus passos até conseguir tocar em seu ombro e se apresentar:

— Dr. Freud, sou Viktor Frankl.

A resposta de Freud foi pronta e evidencia a constância das trocas de correspondências entre eles:

— Viena, 2º distrito, Czerningasse, n. 6, apartamento 25. Certo?

O endereço daquele jovem tão interessado na psique humana ficara gravado na memória do velho mestre. Uma dessas correspondências, em 1922, tornou-se um manuscrito intitulado "Zur Entstehung der mimischen Bejahung und Verneinung" ("O surgimento da mímica de aceitação e negação"), que posteriormente Freud enviou à equipe editorial de sua revista e acabou por ser publicado no *International Journal of Psychoanalysis* em 1924, quando Frankl já era estudante de medicina. Infelizmente, não podemos saber mais sobre o conteúdo das conversas entre eles, pois as correspondências de Freud recebidas por Frankl durante todo o ensino médio foram confiscadas anos mais tarde, quando foi mandado para os campos de concentração.[3]

O interesse pela psicanálise foi declinando conforme Viktor, prestes a iniciar seus estudos em medicina, em 1923, passou a conhecer as ideias de Alfred Adler. Já em 1925, seu artigo "Psychotherapie und Weltanschauung" ("Psicoterapia e visão de mundo") foi publicado por Adler na *Revista Internacional de Psicologia Individual*. Frankl participou ativamente das atividades do grupo de Adler e, por ser o mais jovem, recebeu o apelido de Benjamin, em referência ao personagem bíblico, filho mais novo entre os doze filhos de Jacó, patriarca do povo judeu.

Sua vida universitária foi marcada inicialmente por seu contato com a psicologia individual e, anos depois, com a fenomenologia, ao mesmo tempo que se dedicava a iniciativas voluntárias de promoção de saúde mental entre os jovens de Viena e a participar de eventos da juventude socialista em outras cidades da Europa, como Dusseldorf, Frankfurt e Berlim.

É nesse período, mais especificamente em 1926, que pela primeira vez utiliza o termo "logoterapia". Isso aconteceu em um evento da Associação Acadêmica de Psicologia Médica, uma organização criada por ele e alguns colegas do curso de medicina. Foi o primeiro registro que temos sobre aquela que viria a ser uma das suas principais contribuições para a psicologia, a ideia de uma abordagem centrada na reflexão sobre o sentido da existência, servindo como ferramenta para a promoção da saúde mental.

Em contrapartida, o clima na Sociedade de Psicologia Individual em 1927 não era dos melhores. Rudolf Allers e Oswald Schwarz romperam com Adler, e Frankl tomou posição ao lado dos dois, que eram seus professores. Essa atitude provocou em Adler a reação de exigir pessoalmente a exclusão de Frankl dessa mesma sociedade por causa das suas opiniões não ortodoxas.

Frankl relembra esse episódio da seguinte forma: "Adler ficou furioso quando foi abandonado. E quando optei parcialmente por Allers e Schwarz em vez de Adler, isso me custou a cabeça".[4] "Desde esta noite, Adler não falou mais comigo, nem respondeu a nenhuma das minhas saudações, quando, como era de costume, todas as noites eu entrava no Café Siller me aproximando da mesa que ele presidia. Não foi possível para ele aceitar que eu não o havia defendido incondicionalmente."[5]

Por sua vez, nessa mesma época, Frankl passa a dedicar-se com entusiasmo ao estudo do livro *Formalismo na ética*, de Max Scheler, cuja leitura "o sacudiu".[6] Frankl diz que o carregava como se fosse uma Bíblia. Boa parte de suas futuras ideias sobre a natureza humana será fortemente influenciada por esse importante filósofo da corrente fenomenológica.

Ao mesmo tempo, em 1927, com alguns professores e colegas, começou a organizar centros de aconselhamento para jovens em Viena. Alguns dos problemas mais comuns na época eram os frequentes casos de evasão ou tentativas de suicídio em função do fracasso escolar ao final do ano letivo. Os centros de aconselhamento funcionavam perto das principais escolas, muitas vezes na própria casa dos professores e estudantes de medicina que criaram o projeto. Ali, os jovens com dificuldades psicológicas podiam ir gratuita e anonimamente para receber atendimentos.

O modelo de atenção psicológica funcionou muito bem, a ponto de, alguns anos depois de sua criação, reduzir os índices de tentativas de suicídio em Viena drasticamente, chegando a zero em 1931. Os centros de aconselhamento mais tarde se estenderam a seis outras cidades europeias. Em 1935, Frankl publicou uma revisão de problemas e indicações de soluções com base em quase novecentos casos por ele tratados pessoalmente.[7]

A luta pela afirmação da vida que teve início nessa ocasião tornou-se uma das marcas da trajetória de Frankl, assim como a paixão pelo montanhismo, que se iniciou nessa mesma época e o acompanharia até por volta dos seus 80 anos de idade, enquanto suas condições físicas permitiram.[8]

O início dos anos 1930 marcou de uma vez a transição da fase de um interessado estudante de medicina para a de um jovem e promissor médico. Nesse período, iniciou suas especializações em neurologia e psiquiatria. A vida profissional reservou a Viktor aprendizados que os estudos formais não trouxeram. Seu primeiro trabalho foi no hospital Maria Theresien Schloessl, da Fundação Rothschild.

Depois disso, entre 1933 e 1937, passou a trabalhar na clínica psiquiátrica do hospital Steinhof, onde dirigiu o chamado "pavilhão das suicidas", no qual atendia aproximadamente 3 mil pacientes por ano. Sobre esse período, Frankl dizia que as pacientes se tornaram suas professoras, na medida em que ele procurava esquecer o que havia aprendido de psicanálise e psicologia individual. A riqueza da experiência que ele conseguiu reunir nos centros de aconselhamento de jovens, na clínica psiquiátrica Am Steinhof e em sua própria prática, aliada aos seus estudos sobre o pensamento de filósofos como Max

Scheler e Nicolai Hartmann, contribuiu para a formação da base de uma nova forma de psicoterapia.

Finalmente, após anos de estudos e preparo, em 1937 Frankl abriu um consultório particular como doutor em neurologia e psiquiatria. As perspectivas para esse jovem médico eram as melhores possíveis. Reconhecido como um profissional de futuro promissor, Frankl já havia palestrado em alguns países e conquistava o respeito de seus pares. Sua própria teoria psicológica, a Logoterapia, estava em desenvolvimento, e os horizontes profissionais se abriam diante dele. Todavia, apenas alguns meses depois, um novo fato político mudaria de uma vez por todas a trajetória pessoal e profissional de Frankl.

No dia 12 de março de 1938, a marcha de entrada dos nazistas em Viena, em vez de resistência, encontrou uma recepção calorosa e uma população entusiasmada. O clima era muito mais de celebração coletiva do que de uma invasão propriamente dita. A legitimação dos atos de violência fez da perseguição gratuita aos judeus uma constante. O ressentimento alemão, particularmente cultivado desde a assinatura do tratado de Versalhes, ao fim da Primeira Guerra Mundial, ajudou a fertilizar o solo nacionalista e antissemita que havia tempos fora semeado entre os povos germânicos. Aproveitando-se desse sentimento, e lançando mão de uma série de medidas populistas e golpes políticos, Hitler assumiu o poder na Alemanha em 1933 e, alguns anos depois, com grande apoio popular, incorporou os austríacos ao seu nefasto projeto de poder.

Depois de uma jornada de séculos em busca de uma condição digna e de diretos mediante um diligente esforço, repentinamente os judeus perderam suas liberdades e conquistas. Estima-se que entre 130 mil e 200 mil judeus deixaram a Áustria para fugir do regime nazista. Sigmund Freud, já idoso e adoecido, foi um deles. Com a ajuda da princesa Marie Bonaparte, conseguiu um visto e fugiu com a família para a Inglaterra, onde veio a falecer no ano seguinte.

As perseguições que já atingiam os judeus da Alemanha são então impostas aos judeus austríacos. Mudanças legislativas e políticas relegam os judeus novamente a uma condição de cidadãos de segunda classe. É nesse contexto que Frankl é obrigado a fechar seu recém-aberto consultório particular, adotar como nome do meio "Israel" e passar a ser chamado de *Judenbehandler*, "cuidador de judeus" em vez de médico. Seu escritório é "arianizado" e ele precisa mudar sua clínica para a casa de seus pais.

Alguns meses depois da invasão, a Noite dos Cristais, em 9 de novembro, foi o fatídico evento que serviu para mostrar, de uma vez por todas, a que viera o regime nazista, apresentando ao mundo de maneira notória seu projeto nazista de extermínio. Nos territórios da Alemanha e da Áustria, tem lugar um *pogrom* – um ato de destruição e violência em massa – contra os judeus. Cerca de 7,5 mil lojas pertencentes a comerciantes judeus tiveram suas vitrines destruídas. O evento ganhou esse nome devido à semelhança com pequenos pedaços de cristal dos cacos de vidro espalhados pelas ruas. Residências, sinagogas e até cemitérios judeus foram atacados. Judeus eram espancados e linchados publicamente. Alguns milhares foram levados para os campos de concentração. A hostilidade latente mostrava sua verdadeira face destruidora.

O nazismo proporcionou a consolidação política e ideológica desse antigo sentimento de ódio aos judeus e, mais do que isso, organizou como nunca na história um plano para levar adiante esse projeto de genocídio, culminando com a adesão em escala nacional ao consentimento com a perseguição e o extermínio das populações judaicas.

Apesar dos infortúnios, Frankl continuou atuando e desenvolvendo suas ideias peculiares sobre o ser humano. Em um artigo publicado em 1938, sob o título "Zur geistigen Problematik der Psychotherapie" ("A problemática espiritual da psicoterapia"), o termo "logoterapia", que já vinha sendo usado por Frankl havia algum tempo em suas palestras e aulas, foi pela primeira vez empregado em uma publicação.

Nesse mesmo texto, além do termo que mais adiante nomeará toda a sua construção teórica, Frankl apresenta sinteticamente as três categorias de valores por meio das quais o ser humano pode buscar um sentido, e que, futuramente, serão aprimoradas no decorrer de toda a sua obra. Em outro texto, intitulado "Filosofia e psicoterapia", publicado em uma revista médica suíça, a expressão "análise existencial", considerada a fundamentação filosófica da Logoterapia, é apresentada ao público.

Ainda em meio às sanções impostas aos judeus, em 1940 Frankl torna-se diretor do Departamento Neurológico do Hospital Rothschild, onde apenas pacientes judeus eram atendidos. Apesar do perigo para sua própria vida, junto com Otto Pötzl, ele sabota os procedimentos nazistas, fazendo diagnósticos falsos para evitar a eutanásia de pacientes anteriormente diagnosticados com transtornos psiquiátricos.

Durante esse período conturbado e de perseguições constantes, uma boa notícia surge no horizonte. Seu visto de imigração para os Estados Unidos, que ele havia solicitado, foi concedido. Assim como muitos médicos, cientistas e artistas judeus que tentavam fugir da perseguição nazista rumo ao Novo Mundo, Frankl também teve sua oportunidade.

Se, por um lado, a possibilidade de continuar sua vida em um lugar seguro lhe enchia os olhos, por outro, colocava sobre a mesa uma grande questão: o que seria de seus velhos pais?

A ideia de abandonar seus pais idosos ao próprio destino, à mercê da situação cada vez mais caótica e precária que se desenhava no horizonte vienense, o angustiava profundamente. Com essa inquietação em mente, Frankl chegou um dia em casa e encontrou seu pai com um resto de escombro nas mãos.

O pai lhe perguntou se ele sabia do que se tratava e, diante da negativa do filho, logo disse que aquele era um resto da sinagoga que frequentavam e que havia sido destruída pelos nazistas. Complementou a informação dizendo que o escombro era uma parte dos dez mandamentos que ilustravam uma das paredes do prédio. O resto, com inscrições ainda legíveis, permitia identificar o trecho exato do texto. Tratava-se do quinto mandamento: "Honra teu pai e tua mãe...". Naquele momento, Frankl tomou o episódio como a solução para o dilema que vinha tirando sua paz nos últimos dias. Essa era a resposta que Frankl buscava. Decidiu-se, então, por deixar seu visto expirar e permanecer em Viena, cuidando dos seus pais enquanto fosse possível.

As adversidades provocadas pela instabilidade política não o impediram de levar adiante um dos seus maiores projetos até então. Em 1941, começou a escrever a primeira versão de seu livro *Psicoterapia e sentido da vida* (*Aerztliche Seelsorge*), no qual estabelece as bases de seu sistema psicoterapêutico, a Logoterapia e a análise existencial. Frankl chega a concluir o manuscrito, mas sua publicação é inviável em um contexto em que os livros de escritores judeus eram queimados em praça pública. Ele guarda a versão original como um tesouro. Deixa-a costurada em um bolso interno de um casaco que o acompanha por alguns anos, durante a detenção no campo de Terezín, mas que lhe é tomado imediatamente na chegada ao campo de Auschwitz.

No dia 31 de dezembro de 1941, Frankl se casa com Mathilde Grosser, uma enfermeira que havia conhecido no Hospital Rothschild. Foi um dos últimos casamentos de judeus registrados em Viena durante a Segunda Guerra, uma vez que em janeiro de 1942 o direito à união civil entre judeus deixaria de existir. Alguns meses depois, Tilly fica grávida do primeiro filho do casal, mas, de acordo com as políticas nazistas, segundo as quais os judeus estão proibidos de terem filhos, o casal é obrigado a abortar o bebê.[9]

O sofrimento do povo judeu em uma Viena tomada por um governo nazista e contagiada pelo ódio e pelo antissemitismo é cada vez mais penoso. Trata-se, porém, apenas do prenúncio das dores, se comparado à tragédia que se avizinhava na história da humanidade. No dia 22 de setembro de 1942, Tilly, Frankl e seus pais são interpelados de súbito em sua casa. Com violência, os guardas os informam de que devem acomodar seus pertences pessoais em uma mala, pois terão de deixar seus lares para ser realocados. São levados ao ginásio do Colégio Sperlmann, junto com algumas centenas de outros judeus vienenses também desalojados dos seus lares. Dois dias depois, um comboio de 1,3 mil judeus parte com destino a uma cidade construída pelo Führer na Tchecoslováquia e destinada aos judeus: Theresienstadt.[10]

3
EXPERIMENTUM CRUCIS

> *Vivemos numa época singular. Percebemos, com espanto, que o progresso fez um pacto com a barbárie.*
>
> Sigmund Freud*

A expressão "*experimentum crucis*" nos meios científicos refere-se ao experimento determinante para a confirmação de uma hipótese – aquilo que em português chamamos, de maneira informal, de "prova dos nove". A passagem de Viktor Frankl pelos campos de concentração é uma experiência vital para a compreensão da sua teoria.

Não porque suas ideias tenham nascido a partir das suas experiências nos campos, ao contrário do que alguns pensam. Mas porque, em seu martírio, compreendeu que, para suportar tudo aquilo, mais do que nunca, precisaria colocar em prática em sua própria vida os conceitos que vinha desenvolvendo ao longo dos últimos anos. A busca por um sentido para a vida, para além de uma indagação filosófica, mostrou-se um valor de sobrevivência.

---

*FREUD, Sigmund. *Moisés e o monoteísmo*: compêndio de psicanálise e outros textos (Obras Completas, v. 19). São Paulo: Companhia das Letras, 2018.

A notoriedade de Frankl se dá, em grande medida, devido à descrição dessas experiências nos campos de concentração, relatadas no livro *Em busca de sentido*. Um tempo depois, descobri que aquela mesma obra que me encantou nas aulas sobre resiliência no decorrer do mestrado é um dos grandes *best-sellers* do século 20 e que continua frequentando as listas dos mais vendidos ao redor do mundo, chegando a ser classificado pela Biblioteca do Congresso norte-americano como um dos dez livros mais influentes nos Estados Unidos.

Sua narrativa não somente impactou o leitor leigo, mas também produziu repercussões no âmbito acadêmico. É extensa a lista de importantes figuras do campo da psicologia e do desenvolvimento humano que reconheceram a relevância do trabalho de Viktor Frankl, contando com profissionais do quilate de Gordon Allport, Irvin Yalom, Eva Egger, Elizabeth Kubler-Ross, os papas Paulo VI e João Paulo II, Stephen Covey e outros tantos. Carl Rogers considera o livro uma das contribuições notáveis para o pensamento psicológico, conforme uma carta pessoal, de domínio público, que enviou para Frankl, enquanto o notável psiquiatra Karl Jaspers disse pessoalmente a Frankl: "Conheço todos os seus livros, mas um deles, esses sobre os campos de concentração, faz parte dos poucos grandes livros da humanidade".[1]

A fim de compreender a vida de Frankl nos campos, porém, precisamos ir além de sua obra-prima. Isso porque, como o próprio livro diz em sua introdução, sua proposta não é apresentar um relato com detalhes cronológicos desse período. Frankl conta suas experiências sem essa preocupação, o que, por vezes, deixa o leitor mais curioso em dúvida sobre em que momento e em quais cenários tais fatos aconteceram. Eu fui um desses leitores. Desde o meu primeiro contato com o livro, essas questões despertaram minha curiosidade. Aos poucos, passei a pesquisar de maneira mais sistemática o assunto e descobri algumas fontes que realçavam os detalhes de sua passagem pelos campos. Mais adiante, tive a oportunidade de visitar alguns desses lugares onde a história se passou, como os campos de Auschwitz e Terezín, e assim pude compreender de maneira mais profunda os fatos narrados no livro, tanto em termos das particularidades dos lugares e experiências descritas como no que diz respeito à ordem cronológica dos acontecimentos. Meu objetivo aqui não é recontar a história e os eventos já descritos minuciosamente no relato de Frankl, mas apresentar informações complementares que nos ajudem a entender mais a fundo o seu relato. Estou certo de que o resultado dessa pesquisa também será útil ao leitor, e dedicarei as próximas páginas a esse relato.

Retomando a história do ponto em que paramos no capítulo anterior: no dia 22 de setembro de 1942, Viktor, seus pais e sua esposa, Tilly, são expulsos de seu lar e mandados para o Colégio Sperlgymnasium, onde permanecem por mais dois dias com um grupo de judeus. A essa altura, sua irmã, Stella, já havia conseguido fugir para a Austrália e seu irmão, Walter, com a esposa, tentava fugir pela Itália.

No dia 24 de setembro, junto com mais 1,3 mil judeus vienenses, foram enviados de trem para a então Tchecoslováquia. Chegaram no dia 25 de setembro à estação de

Bauschowitz, a cerca de quatro quilômetros do campo de Terezín. Caminharam por cerca de uma hora carregando uma bagagem com peso máximo de dez quilos, na qual tentavam preservar tudo o que sobrara de sua vida até então. Assim, chegam ao primeiro dos quatro campos de concentração pelos quais Frankl passou e que servem como pano de fundo para as histórias descritas em seu livro.[2]

Terezín
(25 de setembro de 1942 a 19 de outubro de 1944)

Terezín, uma pequena cidade ao norte de Praga, foi o primeiro campo de concentração pelo qual Frankl passou e onde ficou a maior parte do seu tempo como prisioneiro, contabilizando pouco mais de dois anos. A cidade, que havia sido renomeada pelos alemães Theresienstadt, se tornou o nome de um campo peculiar, com algumas características diferentes dos tradicionais campos de extermínio.

Localizado em uma antiga cidade fortificada, construída no século 18, o pequeno vilarejo oferecia as condições ideais para abrigar uma espécie de gueto onde os judeus ficariam isolados. Os pouco mais de 3 mil habitantes foram evacuados e, no final de 1941, finalmente a cidade foi transformada em um gueto murado que, durante os seus três anos e meio de existência, recebeu mais de 140 mil pessoas, das quais 90 mil foram enviadas mais tarde para os campos de extermínio. Em maio de 1945, quando chegaram os Aliados, restavam apenas 16 mil sobreviventes.

A cúpula do Terceiro Reich viu no local uma solução adequada para lidar com um problema de ordem técnica dentro do seu projeto de genocídio dos judeus: o que fazer com os membros mais ilustres e conhecidos da comunidade judaica – grandes empresários, artistas, músicos, escritores, cientistas, médicos? Como eliminar essas pessoas sem que o mundo tomasse consciência rapidamente do projeto de extermínio? Sim, porque eliminar um desconhecido era algo muito diferente de assassinar uma pessoa conhecida em seu próprio país ou até mesmo internacionalmente, como era o caso da poetisa e compositora Ilse Weber e dos músicos Viktor Ullmann e Pavel Haas, por exemplo.

Assim, a solução encontrada foi essa. Realocaram essas pessoas no campo de Terezín, uma espécie de campo-propaganda. Vendia-se a ideia de que os judeus estavam sendo apenas transferidos para uma cidade que fosse somente deles. Entre os prisioneiros encontravam-se judeus proeminentes, que receberam a promessa de que ali estariam sob a proteção do Führer e teriam bons alojamentos, alimentação e cuidados médicos, mediante a assinatura de um contrato cedendo seus bens ao Reich. Um pagamento adicional poderia ainda garantir apartamentos com face para o sol.[3]

Isso não significa que essa propaganda fosse verdadeira. Em Terezín, aconteciam as mesmas atrocidades que nos outros campos, porém disfarçadas por uma máscara aceitável para a comunidade internacional. Além disso, ao lado da cidade-gueto, uma prisão e um extenso cemitério aguardavam os insubordinados ou aqueles que aleatoriamente eram escolhidos para o tormento.

A ilusão de um futuro um pouco menos penoso se encerrava no exato momento da chegada ao campo. Em vez de confortáveis apartamentos, os prisioneiros eram levados para alojamentos coletivos sem nenhum aconchego ou comodidade. Os homens da SS "se apoderam de sua bagagem, pilhando tudo o que possa ter algum valor. Homens respeitáveis, mulheres finamente vestidas, crianças delicadas são despojados do que possuíam e obrigados a dormir no solo".[4]

Uma curiosidade sobre Terezín é que, graças a essa política de preservação de artistas, cientistas e outras pessoas de renome, a pequena cidade, que poderia ser atravessada de uma extremidade a outra em uma caminhada de pouco mais de vinte minutos, transformou-se na maior concentração de talentos por metro quadrado de toda a Europa.

Orquestras, bandas, corais, apresentações teatrais e até uma escola e um jornal foram idealizados no local. Havia uma preocupação de que as crianças continuassem a ser educadas. A artista e professora de artes Frederieke Dicker-Brandeis criou aulas de pintura para as crianças no gueto.

Quando visitei o lugar, em um primeiro momento realmente não tive a impressão de estar em um campo de concentração. Como a cidade e a prisão são separadas por pouco mais de um quilômetro, no vilarejo propriamente dito a impressão que temos é de uma pequena e pacata cidade. Foi somente ao começar a entrar nos prédios e no museu, que preservam a verdadeira história do campo, que pude ter uma dimensão mais concreta de como eram as coisas ali.

A fachada do campo pode realmente enganar um observador desavisado, como foi o caso dos representantes da Cruz Vermelha Internacional, que visitaram o campo em 1944. Na ocasião, foram criadas falsas lojas e cafés para mostrar que os judeus viviam com relativo conforto. Para minimizar a aparência de superlotação de Theresienstadt, muitos judeus foram mandados para Auschwitz.[5]

Durante sua permanência no campo de Terezín, além dos pesados trabalhos braçais para os quais era constantemente convocado, Frankl continuou atuando como médico. Entre outras atividades, atendia às crises psicológicas vividas pelos internos do campo e organizou uma equipe de primeiros socorros para os recém-chegados. Uma das preocupações iminentes era o suicídio de prisioneiros. A fim de combater essa situação, ele se uniu a Regina Jonas, uma colega de prisão e primeira rabina do mundo.

Em 13 de fevereiro de 1943, poucos meses depois da chegada ao campo, seu pai, Gabriel Frankl, morreu por desnutrição e insuficiência respiratória. Frankl o acompanhou até o último momento, chegando a ministrar morfina para ajudar a aliviar o seu sofrimento. Em um dado momento, percebeu que não o veria mais com vida, mas, apesar disso, descreve que sua sensação "era a mais maravilhosa possível. Havia cumprido a minha parte. Havia ficado em Viena por causa dos meus pais, e o acompanhara até a morte, poupando-o de um sofrimento desnecessário".[6]

Em Terezín, ainda tinha contato com sua mãe, sua esposa e outros conhecidos e familiares de Viena. As privações já eram muitas. Haviam perdido praticamente tudo o que possuíam. O alimento era racionado, os quartos eram comunitários, sem aquecimento, e a privacidade, inexistente. A esperança de que a guerra acabaria e de que poderiam em breve voltar para seus lares os sustentava e se renovava a cada dia. Por outro lado, o temor de que um dia seriam transferidos para um campo de extermínio também era constante. A segunda opção prevaleceu. O dia chegou.

Em 19 de outubro de 1944, Viktor e sua esposa foram enviados para a Polônia, com destino ao campo de Auschwitz II-Birkenau, manipulados e guardados como gado em um trem para uma viagem que durou três dias. Nessa ocasião, Frankl se despediu também de sua mãe. Sobre a despedida, se recorda:

> E no momento em que isso realmente aconteceu, quando fui levado a Auschwitz com minha mulher Tilly, e me despedi de minha mãe, pedi-lhe no último instante: "Me abençoe, por favor". E nunca esquecerei como ela disse com um grito que saiu de muito fundo, e que só posso chamar de apaixonado: "Sim, sim, eu te abençoo" – E daí me abençoou. Isso foi mais ou menos uma semana antes de também ela ter sido levada a Auschwitz e de lá diretamente às câmaras de gás.[7]

Auschwitz
(22 de outubro de 1944 a 25 de outubro de 1944)

Se no campo de Terezín a aparência de uma pequena cidade acaba disfarçando o clima mórbido do lugar, no campo de Auschwitz a sensação que temos ao avistar os portões é indescritivelmente perturbadora. É difícil colocar em palavras a mistura de sentimentos: uma tristeza profunda, capaz de nos arrancar lágrimas em vários momentos; revolta, devido às injustiças ali cometidas; e o despertar de uma espécie de constrangimento pela decadência à qual nossa espécie chegou e pela consciência de que, enquanto humanos, somos capazes de repetir aquela experiência. Ao andar pelos corredores e barracões, a sensação é de que podemos ainda ouvir os gritos de sofrimento e presenciar as atrocidades ali cometidas. Auschwitz é um monumento que obriga a humanidade a relembrar para sempre de um dos seus pontos mais baixos. Embora a quantidade de visitantes seja grande, o silêncio e a introspecção predominam.

Os relatos mais desumanos sobre a vida nos campos de concentração invariavelmente apontam para Auschwitz. Localizado na pequena cidade de Oswiecim, no sul da Polônia, rebatizada pelos nazistas como Auschwitz, era na verdade uma rede de campos de concentração. O primeiro campo, Auschwitz I, foi aberto em 1940. Em março de 1942, a cerca de três quilômetros de distância, foi inaugurado o campo de Auschwitz II, também conhecido como Birkenau. O complexo inteiro ainda incluía Auschwitz III-Monowitz e mais 45 campos satélites.

Auschwitz-Birkenau tornou-se o maior e mais conhecido campo de concentração da história e símbolo macabro do Holocausto – principalmente pelo fato de ter sido o maior campo de extermínio de todo o projeto de aniquilamento dos judeus levado a cabo pelo Terceiro Reich. Foi criado pelos altos dirigentes nazistas para ser a "solução final para o problema judeu".

O número exato de pessoas executadas em Auschwitz nunca será completamente conhecido, porém estima-se que cerca de 1,1 milhão de pessoas foram mortas naquele local. Esse grupo foi composto majoritariamente (cerca de 90%) de judeus, mas também de poloneses que resistiam ao domínio nazista, ciganos, soviéticos, testemunhas de Jeová, homossexuais, pessoas com deficiência física e opositores ao regime em geral.

Em sua essência, era um campo de extermínio, uma verdadeira indústria da morte, minuciosamente planejada com a finalidade de matar com eficiência o maior número de pessoas possível. Um dos seus diferenciais eram os novos fornos, com capacidade para cremar quase 5 mil pessoas por hora.

Crianças, idosos e pessoas consideradas não aptas ao trabalho eram selecionados na chegada e, de imediato, enviados para as câmaras de gás, onde morriam após momentos de agonia causada pelo gás letal Zyklon B. O restante dos prisioneiros, se não fossem executados nas câmaras de gás, acabava morrendo de fome, doenças, vítimas de experiências médicas, assassinatos individuais devido à brutalidade dos guardas ou, então, esgotados pelo trabalho.

A partir de 1944, Auschwitz tornou-se também um campo de passagem, onde prisioneiros vindos de outras localidades eram reunidos para depois serem enviados aos campos de trabalho nas indústrias alemãs. Esse foi o caso de Frankl, que, depois de Auschwitz, foi enviado para os campos anexos a Dachau, e de Tilly, transferida para o campo de Bergen-Belsen.

Viktor e Tilly chegaram à temida estação de trem em 22 de outubro de 1944. Nesse famigerado local, ocorreram algumas das experiências mais tocantes descritas por Frankl no livro *Em busca de sentido*. Embora sua passagem por Auschwitz tenha durado apenas três noites, o impacto dessas experiências e dos fatos que ele presenciou produziram um efeito profundo, a ponto de ocuparem boa parte da narrativa do livro.

A chegada já era motivo de terror: "O trem começa a manobrar frente a uma grande estação. De repente, do amontoado de gente esperando ansiosamente no vagão, surge um grito: 'Olha a tabuleta: Auschwitz!' [...] Naquele momento não houve coração que não se abalasse. Todos sabiam o que significava Auschwitz".[8] Embora houvesse um esforço da parte dos nazistas para esconder os crimes que praticavam, àquela altura a fama do campo já tinha se espalhado até mesmo entre os prisioneiros.

Na chegada, seus últimos pertences pessoais foram tomados, e em seguida os judeus foram divididos em duas filas. Essa primeira seleção tinha como objetivo separar aqueles que eram aptos ao trabalho dos que seriam imediatamente mandados para as câmaras de gás. Aqueles que sobreviveriam eram mandados para a fila da direita, enquanto os que seriam enviados para as câmaras de gás, para a esquerda. Dos 1,5 mil prisioneiros que chegaram naquele dia em dezoito vagões de carga, estima-se que somente 150 sobreviveram. Era comum que essa primeira seleção, como aconteceu com Frankl, fosse comandada pessoalmente pelo médico-chefe do campo, o dr. Menguele, ao qual Frankl reputou uma "aparência diabólica". Conhecido como uma das piores figuras do panteão nazista, além de fazer parte da coordenação do programa de extermínio em massa, promovia em Auschwitz uma série de experimentos utilizando os prisioneiros como cobaias.[9]

Os que sobreviviam seguiam para a chamada desinfecção, um processo que tinha como um de seus principais objetivos a desumanização. Ao raspar os pelos do corpo, vestir os detentos com os uniformes listrados e trocar os nomes por números de identificação, os nazistas faziam as individualidades desaparecerem. Frankl era o prisioneiro de número 119.104. Com suas características particulares minimizadas, o indivíduo passava a ser confundido com a massa, facilitando o efeito psicológico do embrutecimento dos guardas dos campos de concentração, uma vez que as características singulares de cada pessoa eram praticamente apagadas.

O tom da narrativa de Frankl é mais descritivo do que valorativo. Ele evita manifestar julgamentos sobre os colegas que se colocam à disposição dos inimigos, os "capos", guardas dos campos escolhidos pelos nazistas entre os próprios prisioneiros e que, em muitos casos, eram mais violentos que os próprios guardas da SS. Da mesma forma, encara com naturalidade a atitude daqueles que viam no suicídio uma saída. "Ir para o fio" era, por vezes, a única forma de pôr fim no sofrimento. Por essa razão, ao contrário do que comumente se pensa, em alguns casos, as câmaras de gás eram um alívio para muitos, pois os poupava de cometerem o suicídio. Nesse contexto, cita uma das grandes lições do livro: ora, numa situação anormal, uma reação anormal simplesmente é a conduta normal.[10]

Essa máxima faz parte também da compreensão do motivo pelo qual muitas pessoas comuns, no contexto dos campos, se animalizaram e lutaram pela sobrevivência com todos os meios disponíveis, inclusive a violência. Viver nos campos não era romântico como alguns pensam. Era uma luta diária pela vida. Frankl afirma que "os melhores não voltaram".[11]

Já na chegada, Frankl perde o item de maior valor que havia preservado enquanto esteve em Terezín. Embora já tivesse escrito muitos textos e artigos publicados em diversos periódicos, Frankl ainda não havia publicado um livro com suas principais ideias. O manuscrito, porém, estava pronto. A fim de preservá-lo, como vimos, ele o escondera no bolso do casaco que usava. Chegando em Auschwitz, no entanto, seu casaco e o restante dos seus pertences foram tomados no momento chamado de desinfecção.

Na segunda noite em Auschwitz, em 23 de outubro, relatou escutar um violino que tocava uma música triste. Era aniversário de Tilly. Ela fazia 24 anos. Até o dia 24 de outubro, Frankl passou por quatro seleções sucessivas. Na quarta seleção foi enviado para um campo de trabalho. Em 25 de outubro, iniciou outra viagem de 850 quilômetros em um trem de carga. Os próximos destinos seriam Kaufering e depois Türkheim, campos subsidiários de Dachau na Baviera. Ao todo, passou três noites em Birkenau.

Dachau
(28 de outubro de 1944 a 27 de abril de 1945)

O campo de Dachau, construído em 1933, destinava-se inicialmente aos presos políticos da Alemanha recém-dominada pelo regime nazista. Localizado a pouco mais de quinze quilômetros de Munique, foi o primeiro campo de concentração e, assim como Auschwitz, era composto de uma rede de campos anexos, entre eles Kaufering, que, por sua vez, era formado por um conjunto de onze campos que funcionaram entre junho de 1944 e abril de 1945.

Eram basicamente campos de trabalhos forçados, onde os prisioneiros eram empregados na construção de estradas de ferro e no transporte de sacos de cimento para a construção de *bunkers*. Os últimos campos pelos quais Frankl passou estavam nessa localidade: Kaufering III e Türkheim, também chamado de Kaufering VI.

Ao chegar em Kaufering, em 28 de outubro de 1944, depois de uma extenuante viagem em condições terríveis, havia 2,5 mil prisioneiros no campo. Alguns meses depois, em 5 de março de 1945, Frankl foi transferido para o campo de Türkheim (Kaufering VI). No campo de Türkheim, teve febre tifoide. Para evitar um colapso vascular fatal durante as noites, mantinha-se acordado, reconstruindo o manuscrito de seu livro *Psicoterapia e sentido da vida* (*Aerztliche Seelsorge*) em pedaços de papel roubados do escritório do acampamento.

Pouco mais de um mês depois, em 27 de abril de 1945, às 6h, foi libertado pelas tropas aliadas – mais especificamente, por um batalhão de americanos do Texas. Frankl foi, então, nomeado médico-chefe de um hospital militar. Até junho de 1945, permaneceu trabalhando como médico nas imediações de Türkheim. Depois disso, passou cerca de oito semanas em Munique.

A libertação e o retorno dos prisioneiros para seus respectivos lares eram demorados. Além das dificuldades de saúde, como a desnutrição e a epidemia de tifo que grassara nos campos de Dachau, os meios de transporte ainda eram precários. Frankl só conseguiu deixar Munique em direção a Viena em 14 de agosto. Embarcou nessa árdua jornada ansioso para descobrir o destino de sua esposa e de sua mãe. No dia 15 de agosto, chegando a Viena, descobriu que as duas haviam morrido nos campos.

Conclusão

Para cada Frankl que sobreviveu, milhares de vidas foram ceifadas nos campos de concentração. Sua experiência nos quatro campos de concentração pelos quais passou foi relatada por um motivo maior do que unicamente apresentar a Logoterapia. A essa tarefa, por sinal, na mesma época, Frankl dedicou a escrita de outro livro. A obra *Em busca de sentido* foi por ele escrita para ajudar outros que passaram pelas mesmas provações, para consolar os feridos e, acima de tudo, como muitos sobreviventes, para contar ao mundo o que acontecera.

A primeira versão do livro foi redigida ainda em 1945, em um período de nove dias. Inicialmente, sua ideia era uma publicação anônima, mas posteriormente foi convencido por seus amigos de que seria importante assumir a autoria para conferir ao seu relato uma credibilidade maior.

É fundamental ter em mente que Frankl enfatiza com frequência o objetivo principal do livro: mostrar a realidade de um campo de concentração, dando ênfase à perspectiva psicológica de um prisioneiro comum, e apontar para as possibilidades de sentido presentes até mesmo em uma situação trágica como aquela.

O testemunho de Frankl é mais uma das muitas evidências históricas das atrocidades cometidas no Holocausto, certamente um dos pontos mais baixos que a humanidade atingiu. Muitas das câmaras de gás e crematórios foram destruídas pelos nazistas conforme abandonavam os campos, na tentativa de ocultar os crimes ali cometidos.

Porém, ainda que tivessem conseguido destruir toda a indústria da morte que criaram, seria impossível ocultar o testemunho dos sobreviventes. Vozes e relatos como o que encontramos no livro *Em busca de sentido* são fundamentais para levar adiante um lema que pude encontrar escrito repetidas vezes nas paredes dos campos de concentração que visitei: "Relembrar sempre para não repetir nunca".

Ao mesmo tempo, seu relato é um apelo contra todas as formas de opressão e violência. É um alerta para as piores consequências que a intolerância pode trazer. Em tempos nos quais discursos fanáticos e radicais se propagam com tanta facilidade, o registro de Frankl é mais necessário do que nunca. No capítulo anexo que incluiu em edições posteriores de seu livro, Frankl conclui o texto com um apelo que ecoa até os nossos dias: "Fiquemos alerta – alerta em duplo sentido: Desde Auschwitz nós sabemos do que o ser humano é capaz. E desde Hiroshima nós sabemos o que está em jogo".[12]

4
VIRAR AS COSTAS PARA VIENA?

> *When will you realize, Vienna waits for you?*
> Billy Joel, *"Vienna"**

A narrativa de *Em busca de sentido* se encerra com a libertação de Frankl do campo de Türkheim, em 27 de abril de 1945, mas a história do seu personagem principal ainda teria muitos capítulos a serem escritos. A sua chegada a Viena foi acompanhada pelos efeitos colaterais do sofrimento vivenciado nos últimos anos. Olhando retrospectivamente, sob a perspectiva da vida repleta de realizações que viveu no pós-guerra, corremos o risco de não compreender de modo adequado quão difícil foi o seu restabelecimento.

Podemos ter uma ideia da situação pela qual Frankl passava através de uma carta endereçada aos amigos Wilhelm e Stepha Börner, escrita poucos dias depois do seu retorno, na qual ele descreve seu estado de espírito:

---

*Em tradução livre: "Quando você vai perceber, Viena espera por você?". JOEL, B. Vienna. Nova York: Columbia Records, 1977. Disponível em: https://open.spotify.com/track/4U45aEWtQhrm8A5mxPaFZ7?si=037fa2598e0947c2. Acesso em: 8 fev. 2023.

> Estou inexprimivelmente cansado, inexprimivelmente triste, inexprimivelmente sozinho... Nos campos, você pensava que tinha chegado ao ponto mais baixo da vida – e então, quando você retorna, você é forçado a ver que as coisas não duraram, tudo aquilo que sustentou você foi destruído, que, na ocasião em que você se tornou humano novamente, você pode mergulhar ainda mais fundo em um sofrimento insondável. Aí, talvez nada mais reste a não ser chorar e folhear os Salmos.[1]

Em um prazo de poucos dias, Viktor descobriu que nada restara de sua vida pregressa. Seu irmão e sua mãe foram mortos em Auschwitz, enquanto sua esposa, Tilly, falecera nos últimos dias do campo de Bergen-Belsen. Somente sua irmã, Stella, havia sobrevivido, mas acabou fugindo para a Austrália, e o reencontro só viria a acontecer muitos anos depois. Tilly chegou a ser libertada pelas tropas inglesas, mas acabou morrendo pouco depois.

Um fato interessante sobre a vida de Tilly é que seu pai e seu irmão acabaram conseguindo fugir para o Brasil. Uma colega de cárcere, Ella Mayer, também. Quando Frankl visitou o Brasil pela primeira vez, em 1984, teve a oportunidade de encontrar com essa amiga, nos braços de quem Tilly veio a falecer de tifo. Nessa ocasião, Ella Mayer lhe contou sobre a convivência com Tilly e os últimos momentos dela. Foi um encontro emocionante, em que ela relatou a Frankl que Tilly sempre manifestara a certeza de que ele sairia vivo dos campos de concentração e apontava para a cabeça dizendo:

"Viktor tem fome disso", e depois apontava para a barriga e dizia: "e não disso".[2, 3]

O fato é que a esperança de reencontrar seus familiares, em especial Tilly, foi uma das forças motrizes e o principal sentido que o ajudou a encontrar razões para sobreviver nos momentos mais difíceis. Mas, ao chegar a Viena, a descoberta do trágico fim das pessoas que amava destruiu os alicerces do castelo de esperanças que ele havia construído. Frankl descreve esse momento da seguinte forma:

> Num dos primeiros dias de volta a Viena, procurei meu amigo Paul Polak e informei-lhe da morte de meus pais, meu irmão e de Tilly. Lembro-me de que comecei a chorar e de repente disse a ele: Paul, para falar a verdade, quando passamos por tanta coisa assim, quando somos tão duramente postos à prova... confesso que é nessa hora que tudo precisa ter um sentido. Tenho a impressão, não consigo dizer de outra maneira, de que algo estaria à minha espera, de que algo estaria sendo esperado de mim, de que eu era destinado a alguma coisa.[4]

Sentindo-se desamparado e sem rumo, Viktor procurou o Dr. Pötzl, seu antigo professor. Frankl acabara de saber da morte da esposa e desabafou com o antigo mestre. Ele e outros amigos de Frankl temiam pelo seu suicídio. Nessa ocasião, seu amigo Bruno Pittermann o obrigou a assinar uma página em branco, como se fosse um compromisso de que não iria atentar contra a própria vida. Um tempo depois, tomou aquela folha assinada e a transformou em uma candidatura para uma vaga na direção da Policlínica Universitária de Neurologia, cargo que lhe foi conferido em 1946 e no qual permaneceu pelos próximos 25 anos.[5] Parte do novo governo austríaco, Pittermann conseguiu para Frankl um local onde morar e uma máquina de escrever.

Incentivado por Otto Kauders, sucessor de Pötzl na direção da Clínica Psiquiátrica Universitária, Frankl passou a escrever uma terceira versão de seu livro perdido em Auschwitz, *Psicoterapia e sentido da vida* (Ärztliche Seelsorge), uma tarefa à qual Frankl se dedicava desde os dias no campo de Türkheim, onde, em alguns pedaços de papel, começara a rascunhar novamente suas ideias. "Essa era a única coisa que podia ter algum significado para mim. Pus-me a trabalhar."[6] Depois de se restabelecer em Viena, finaliza a obra em 1946 e ainda acrescenta um capítulo no qual fala sobre a psicologia nos campos de concentração. Seu livro, que também foi utilizado como sua tese doutoral, é um dos primeiros a serem publicados na Viena pós-guerra, e a primeira edição se esgotou em poucos dias. Ainda em 1945, Frankl decide escrever suas experiências nos campos de concentração. Foi então que, em apenas nove dias, escreveu *Em busca de sentido*.

Além dos livros e do trabalho na clínica, Frankl apresenta uma série de palestras públicas em Viena, intituladas "A pessoa mentalmente adoecida". As palestras aconteciam na escola de educação para adultos de Ottakring e faziam parte da retomada da vida intelectual da comunidade vienense. Nessa ocasião, apresenta mais uma vez algumas de suas ideias sobre a natureza humana e o sentido da vida, e procura promover um clima de esperança e otimismo em relação aos dias futuros.

Muitos não compreendiam o motivo do retorno de Frankl a Viena. Ele relata: "Depois da minha libertação, voltei para Viena. Não parei de escutar a pergunta: Viena não machucou você e os seus o suficiente? Minha réplica era outra pergunta: Quem foi que me fez o quê? Que motivo eu teria para virar as costas para Viena?".[7]

E, de fato, o mesmo lugar de onde saiu para viver uma experiência tenebrosa foi o lugar para onde voltou e retomou sua vida, onde se restabeleceu e progrediu em sua vida pessoal e profissional.

Enquanto se estabelecia novamente no campo profissional, tanto em sua prática médica como acadêmica, acabou conhecendo Eleonore Schwindt, uma enfermeira odontológica que trabalhava na mesma clínica que Frankl. O interesse foi imediato.

Em uma entrevista dada em 2014, ela conta sobre seu primeiro contato com Frankl. Foi até ele por ordem de um superior, para verificar a disponibilidade de um leito para um paciente no Departamento de Neurologia, onde Frankl trabalhava. Alguns dias depois, recebeu o recado de que o dr. Viktor Frankl queria falar com ela. Ao encontrá-la, Frankl falou que estava com uma dor de dente e precisava de ajuda. Depois admitiu que não havia dor nenhuma, que aquilo era apenas um pretexto para poder vê-la novamente. Começaram a se relacionar e logo se casaram, no início de 1947. Em dezembro nasceu Gabriele, sua primeira e única filha.[8] Gabriele se casou com Franz Vesely, com quem teve dois filhos, Katharina e Alexander.

Elly, sua esposa, dedicou-se ao desenvolvimento da Logoterapia na mesma proporção que seu marido. Ela respondia cartas, revisava os textos, sugeria mudanças quando achava que as ideias estavam apresentadas de forma muito complexa e que acabariam por não ser compreendidas. Foi em reconhecimento por suas contribuições à Logoterapia que, em 1993, recebeu um doutorado *honoris causa* da universidade North Park, de Chicago.

Os anos que sucederam o retorno de Frankl a Viena foram muito produtivos. Ele se dedica a expandir e a refinar sua teoria intensamente. Entre 1946 e 1949, foram oito livros publicados. Em 1948, obteve seu segundo doutorado, dessa vez em filosofia, com a apresentação de uma tese sobre *O Deus inconsciente*, mais adiante editada em português com o título *A presença ignorada de Deus*. Nesse mesmo ano, foi promovido ao cargo de professor associado de neurologia e psiquiatria da Faculdade de Medicina da Universidade de Viena.

Uma vez restabelecido em Viena, a reputação de Frankl, assim como a de seus livros, em especial *Em busca de sentido*, chega também aos Estados Unidos. Em 1957, por convite da instituição The Religion in Education Foundation, Frankl faz sua primeira temporada de palestras e aulas nos Estados Unidos. Entre os dias 15 de outubro e 15 de novembro, apresenta-se em universidades renomadas, como Princeton, Columbia, Northwestern e Harvard. Era apenas o início do reconhecimento mundial que a Logoterapia passava a ter.

Nas décadas seguintes, Frankl lecionou em mais de duzentas universidades em todos os continentes do mundo, sendo homenageado com 29 títulos de doutor *honoris causa*. Um desses títulos lhe foi conferido pela Pontifícia Universidade Católica do Rio Grande do Sul, em 1984, por ocasião da sua primeira visita ao território brasileiro. Em uma carta enviada posteriormente à dra. Izar Xausa, pioneira da Logoterapia no Brasil, Frankl deu o testemunho de que esse foi o país onde recebeu mais homenagens afetuosas. Depois disso, voltou ao Brasil em mais duas ocasiões, em virtude de eventos sobre o tema, ambos em 1986, quando visitou Brasília e, depois, o Rio de Janeiro.

Conversando com seu neto, Alex, pude ouvi-lo confirmando a fama que acompanha Viktor de ser reconhecido como alguém apaixonado por sua família e um amigo leal. Era um ótimo contador de histórias, capaz de entreter as pessoas por horas com seus enredos e imitações. Segundo seu neto, a presença do avô contagiava as pessoas ao redor. Seu entusiasmo pela vida, aliado à sua eloquente oratória, atraía a atenção de todos.

Perfeccionista e bem-humorado, era sempre muito enérgico e entusiasmado. Tocava múltiplos instrumentos e cantava muito bem. Chegou a compor um tango. Era um ótimo cartunista e costumava presentear amigos com desenhos que fazia em guardanapos. Era um amante e colecionador de gravatas e óculos, a ponto de ter sido convidado certa ocasião para testar o desenho de novos modelos para uma marca.

Escalar montanhas era uma de suas paixões, que o acompanhou desde a juventude e enquanto as condições físicas permitiram, por volta de seus 80 anos. Aos 68 anos de idade, tirou seu brevê para a pilotagem de aviões. Seu fascínio pelas alturas o levou a batizar a Logoterapia como a "Psicologia das Alturas".

Ministrou sua última aula em 1996, na Universidade de Viena. Em julho de 1997, celebrou cinquenta anos de matrimônio com Elly. Em 2 de setembro de 1997, aos 92 anos de idade, faleceu em decorrência de problemas cardíacos. Um fato ocorrido já em seus últimos dias expressa bem o bom humor e o otimismo que envolviam sua personalidade. Quando estava internado para receber cuidados hospitalares, foram visitá-lo alguns familiares e amigos que fizeram um círculo ao redor do seu leito. Diante dessa cena, Frankl teria dito: "Ora, mas vejam se essa não é uma situação trágica"[9] e, na sequência, caiu no riso junto aos familiares e amigos.

O legado de Frankl transcendeu sua morte e foi além da psicologia e da medicina. Muitas áreas relacionadas ao desenvolvimento humano têm feito uso dos conceitos da Logoterapia para seus fins. Teorias recentes na psicologia, como a psicologia positiva, a *meaning making theory* e o conceito de *coping* espiritual, encontram no pensamento de Frankl respaldo para seus pressupostos e uma base para sua evolução.

Entre inúmeras homenagens e reconhecimentos públicos, ele recebeu em 1985 o prêmio Oskar Pfister da American Psychatric Association. Foi indicado ao prêmio Nobel da Paz e se tornou parte da renomada Academia Austríaca das Ciências. Ao todo, escreveu 39 livros que foram traduzidos para 38 idiomas e venderam milhões de exemplares.

Reconhecia em si mesmo uma grande virtude: "não esquecer de alguém que me fez algo de bom, e não guardar rancor de quem me fez algo de ruim".[10] Mais do que apenas um grande intelectual, Frankl se encaixava na categoria de pessoas admiráveis cuja conduta e exemplo falavam mais alto do que suas ideias. Até mesmo por isso, a repercussão da sua teoria foi tão marcante em seus tempos. Passados mais de vinte anos de sua morte, seus principais conceitos continuam úteis na compreensão e nos cuidados do indivíduo contemporâneo. No próximo capítulo, apresentarei e me aprofundarei nas principais ideias desse que foi um dos grandes gênios da psicologia contemporânea.

5
UM SENTIDO PARA A VIDA

> *Por mais decadentes que pareçam o homem e o mundo, e por mais terrível que se torne o desespero humano, enquanto o homem continuar a ser homem, é a sua própria humanidade que continuará a dizer-lhe: a vida tem um sentido.*
>
> Thomas Merton*

Vida e teoria se entrelaçam na experiência de Frankl de uma forma inseparável. Se por um lado, como já vimos, a teoria não foi criada a partir da sua experiência nos campos de concentração, foi nesse contexto que Frankl recorreu às próprias ideias para conseguir superar os momentos mais difíceis. Desde a infância vivida em meio às privações impostas pela Primeira Guerra Mundial até a decepção e consciência da perda das pessoas que amava no retorno para Viena ao fim da Segunda Guerra, sua vida foi marcada por tragédias.

Apesar disso, sua atitude sempre foi caracterizada pelo otimismo e por uma crença categórica no valor da existência: "Dizer sim à vida, apesar de tudo", mais do que apenas um bordão que costumava repetir em suas aulas, atendimentos e textos, era o tema central das reflexões e conceitos teóricos de Viktor Frankl, bem como uma atitude que cultivou até o final dos seus dias.

---
*MERTON, Thomas. *Homem algum é uma ilha*. São Paulo: Petra, 2003, p. 11.

Na contramão dos infortúnios que enfrentou, sua atitude afirmativa estava ancorada na firme convicção de que a vida sempre pode ser vivida de tal forma que seja dotada de sentido e que a busca por esse sentido é uma característica fundamental do ser humano, que nomeou de "vontade de sentido".

"Há algo como um conhecimento prévio a respeito de sentido; e uma noção de sentido também está na base da vontade de sentido. Quer queira quer não, o ser humano crê num sentido enquanto respira."[1]

Essa postura estava em oposição a muitas das ideias predominantes na primeira metade do século 20, quando Frankl formulou sua teoria. Ao contrário, o niilismo era a "bola da vez". A certeza predominante nos meios acadêmicos de que a espécie humana era apenas um acidente, uma aleatoriedade no universo, invariavelmente levava à conclusão de que a vida também não passava de uma casualidade cósmica, de maneira que a possibilidade de um sentido para a vida era sistematicamente descartada.

As implicações dessa lógica fizeram parte de um contexto no qual se criou um cenário de menosprezo à vida, que nos ajuda a compreender como tragédias tais como o Holocausto e a ameaça atômica tornaram-se possíveis. Sem fazer uso de meias palavras, em uma afirmação categórica, Frankl denuncia essa correlação.

> Não foram apenas alguns ministérios de Berlim que inventaram as câmaras de gás de Maidanek, Auschwitz, Treblinka; elas foram sendo preparadas nos escritórios e nas salas de aula de cientistas

e filósofos niilistas, entre os quais se contavam e contam alguns pesquisadores anglo-saxônicos laureados com o prêmio Nobel. É que, se a vida humana não passa do insignificante produto da combinação acidental de umas moléculas de proteína, pouco importa que um psicopata cujo cérebro necessite de alguns reparos seja eliminado por inútil, e que ao psicopata se acrescentem mais uns quantos povos inferiores. Tudo isso não é senão raciocínio lógico e consequente.[2]

Seguindo a mesma linha de pensamento, Albert Camus estabelece uma correlação entre a filosofia da negação do sentido, habitualmente propagada no início do século 20, e as grandes tragédias que assolaram aqueles tempos: "Da mesma forma, o niilismo absoluto, aquele que aceita legitimar o suicídio, corre mais facilmente ainda para o assassinato lógico. Se o nosso tempo admite tranquilamente que o assassinato tenha suas justificações, é devido a essa indiferença pela vida, que é a marca do niilismo".[3]

A consequência dessa lógica, para Camus, implica a seguinte conclusão:

> Se não se acredita em nada, se nada faz sentido e se não podemos afirmar nenhum valor, tudo é possível e nada tem importância. Não há pró nem contra, o assassino não está certo nem errado. Podemos atiçar o fogo dos crematórios, assim como também podemos nos dedicar a cuidar dos leprosos. Malícia e virtude tornam-se acaso ou capricho.[4]

Para Camus, a consequência mais comum do pensamento niilista não é a atitude niilista absoluta, que seria o desprezo pela própria vida, resultando no suicídio, mas uma atitude de descaso diante da vida do outro. É em fatos como os genocídios recentes dos judeus, dos armênios, dos africanos nas colônias escravagistas, os *gulags* comunistas e o descaso diante da miséria produzida pelas desigualdades sociais que percebemos os efeitos mais nefastos da ideologia que adota como regra a negação do sentido.

Os tempos modernos são marcados por atitudes niilistas diante da vida dos outros. A ironia dessa forma de niilismo se dá na medida em que mesmo aqueles que se satisfazem em afirmar o não significado da vida procuram preencher a sua própria vida com algum significado. Camus denuncia esse contrassenso ao argumentar que

> qualquer filosofia da não significação vive em uma contradição pelo próprio fato de se exprimir. Com isso, confere um mínimo de coerência à incoerência, achando sentido no que provavelmente não tem. Falar repara. A única atitude coerente baseada na não significação seria o silêncio, se o silêncio, por sua vez, não tivesse o seu significado. A absurdidade perfeita tenta ser muda.[5]

Diante das correntes que negam a possibilidade de sentido, creio que caiba um questionamento pertinente. Se nada de fato pode ter um sentido, uma vez que a humanidade é somente mais um dos meros acasos do universo, por que o homem como espécie simplesmente não se conforma com a ausência de tal significado e vive à forma e semelhança dos outros animais?

Se não há um sentido, e se o sentido é só uma ilusão, o que então justificaria valores como a justiça, a bondade? Por que simplesmente não deixamos o curso natural dos instintos delimitar o alcance das nossas ações e da nossa sobrevivência, assim como acontece às outras espécies para as quais a possibilidade de sentido é indisponível?

Como bem pontuou Thomas Merton, se de fato alguém estivesse realmente convicto de que a vida é desprovida de finalidade e de sentido, essa questão nem sequer seria levantada.[6] No final das contas, o niilista parece querer convencer apenas a si mesmo de tal crença. No que diz respeito à própria vida, o fato é que pouquíssimos foram niilistas de verdade. A maior parte dos apologistas do vazio chega, no máximo, ao posto de "niilista não praticante".

Se, no plano coletivo, a negação do sentido da vida serviu como um dos fundamentos teóricos e racionais para justificar guerras e genocídios, no plano individual a filosofia da desvalorização de uma possibilidade de sentido foi um vírus que se multiplicou e se transformou em uma epidemia de "vazio existencial". Em sua experiência clínica, Frankl notou que o motivo que enchia as clínicas em seu tempo era justamente esse "sentimento de inutilidade da vida".

Com uma leitura sensível dos seus dias, foi capaz de diagnosticar de maneira precoce como a barbárie que teve lugar na primeira metade do século 20, manifesta em crises políticas e econômicas, guerras e até em uma epidemia, conseguiu destruir o espírito de otimismo que acompanhava as descobertas científicas e tecnológicas do século 19, assim como a crença de que elas promoveriam o progresso da humanidade.

Esse grande desapontamento contribuiu para os questionamentos de sentido, a ponto de Frankl considerar o vazio existencial uma "neurose de massa", "a patologia do nosso tempo" e "uma forma privada e pessoal de niilismo".[7] Nesse cenário, a psicologia não poderia mais ser a mesma e, consequentemente, era imprescindível que a prática da psicoterapia se adequasse, na medida em que, assim como "cada época tem sua própria neurose coletiva, [...] cada época necessita de sua própria psicoterapia para enfrentá-la".[8]

Mas, na prática, o que Frankl queria dizer com suas ideias sobre sentido da vida? Que sentido é esse? Como encontrá-lo? E a questão do sofrimento? Como se equaciona nessa perspectiva? Afinal, se a vida sempre tem um sentido, é necessário que o sentido continue existindo mesmo em meio ao sofrimento e apesar dele; do contrário, o sentido seria condicional. Além disso, quais são as implicações da convicção de que a vida não tem sentido algum?

Certamente, os questionamentos sobre o sentido da vida não nasceram com a modernidade nem começaram a ser articulados a partir de Frankl. A pergunta sobre o sentido da existência é tão antiga quanto a própria consciência humana. A Bíblia hebraica apresenta essa questão de maneira contundente nas palavras do sábio rei Salomão, autor de Eclesiastes. "As palavras do Mestre, filho de Davi, rei em Jerusalém: 'Que grande inutilidade!', diz o Mestre. 'Que grande inutilidade! Nada faz sentido!'."[9] A sequência do livro de Eclesiastes apresenta um tratado que irá discutir justamente esse dilema entre a ausência e a busca por um sentido na existência.

A possibilidade ou a negação de um sentido para a vida é apresentada por Camus como a questão filosófica de maior relevância: "Julgar se a vida vale ou não vale a pena ser vivida é responder à pergunta fundamental da filosofia". Isso se deve ao fato de a resposta para essa pergunta ser mais do que um questionamento filosófico. É uma questão de vida e morte, uma vez que "muitas pessoas morrem porque consideram que a vida não vale a pena ser vivida", enquanto outras, "paradoxalmente, deixam-se matar pelas ideias ou ilusões que lhes dão uma razão de viver". Assim, Camus assume que "o que se denomina razão de viver é ao mesmo tempo uma excelente razão de morrer".[10]

No pensamento de Viktor Frankl, encontramos uma articulação relevante entre esses polos, que vai culminar com a conclusão de que a vida sempre pode ter um sentido. No entanto, a fundamentação racional que ele estabelece para chegar a tal afirmação é tão importante quanto a conclusão em si. Tudo começa com uma mudança de perspectiva.

Questionamento do sentido

Em primeiro lugar, é importante salientar que os questionamentos da ordem do sentido da vida para Frankl não podem ser vistos como patológicos ou doentios. São, em sua essência, humanos. Em outras palavras, só levantamos essa questão porque somos humanos.[11]

Isso independe da perspectiva cosmogônica que nos orienta. A questão não gira necessariamente ao redor de "de onde viemos". O ponto é que hoje estamos aqui e, até onde sabemos, somos a única espécie sobre a Terra capaz de questionar o sentido da própria existência – em outras palavras, somos a única espécie que tenta responder perguntas tais como: "Por que estamos aqui?", "Qual a finalidade de tudo isso?", "Existe um sentido, de fato?"; "Se a vida tem um sentido, por que sofremos?".

Uma vez que a capacidade de fazer essas perguntas é uma peculiaridade humana, seria um erro patologizá-la. Questionamos o sentido da vida porque essa é, acima de tudo, uma *condition humaine*. "Prefiro considerar como uma prerrogativa da pessoa não apenas questionar qual o sentido da sua vida, como também duvidar da própria existência desse sentido. Ou será que alguma vez um animal perguntou pelo sentido da sua vida?"[12]

Se, por um lado, esse questionamento em si não é sinônimo de desajuste, por outro, suas consequências podem ser fonte de angústia e até mesmo de adoecimento. Entre elas, Frankl aponta para o vazio existencial como a principal. Embora a sensação de vazio seja em sua essência extremamente subjetiva, em nossos dias ela pode se apresentar em facetas como a depressão, a ideação suicida, a agressividade, as múltiplas formas de compulsões e até na tentativa de preenchimento da vida por meio de um excesso de atividades, que acaba resultando em esgotamento.

Assim, o questionamento sobre o sentido da vida desponta como uma questão primordial e de importância absoluta, que deveria ser abordada como eixo central em qualquer processo psicoterapêutico. Todavia, entre as grandes concepções psicológicas predominantes em sua época, Frankl não observava teorias ou propostas terapêuticas que tomassem como prioridade o enfrentar dessa questão diretamente ao ponto. A Logoterapia procura ocupar esse lugar ao se apresentar exatamente com esse objetivo. "Uma tradução literal do termo Logoterapia é a terapia através do sentido. Naturalmente poderia ser traduzida também como 'cura através do significado'."[13]

A visão romântica e equivocada do sentido

Somado a isso, um dos fatores que acabam por fomentar o questionamento e a eventual conclusão sobre uma ausência total de sentido tem a ver com aquilo que chamo de uma visão romântica e equivocada sobre o sentido da vida.

Em especial nos últimos anos, o tema do sentido e do propósito da vida tem estado em alta. É assunto de pesquisas, capas de revistas, cursos, livros e palestras. Em muitos casos, porém, os exemplos apresentados do que seria uma vida cheia de sentido são invariavelmente gloriosos, mas inalcançáveis para boa parte das pessoas.

Vemos constantemente sendo apresentados como modelos bem-sucedidos de uma vida repleta de sentido os testemunhos daqueles que o encontraram por meio de atitudes radicais e triunfantes, por exemplo: o professor que deixou o emprego de lado para viajar pelo mundo em uma motocicleta; o executivo que resolveu escalar o Everest; a secretária que virou ultramaratonista; o médico que virou monge; o adolescente que ficou milionário com seus vídeos na internet; a dona de casa que virou influencer a agora tem milhões de seguidores para os quais mostra uma vida de luxo e glamour ao redor do mundo.

Os exemplos são fartos e admiráveis. O que essas histórias têm em comum é que encontrar um sentido invariavelmente está associado a uma realização grandiosa, ao sucesso financeiro e à fama. Poderíamos passar horas enumerando essas narrativas apoteóticas sobre o sentido da vida.

Os riscos associados a essa concepção ilusória sobre uma vida com sentido vão desde a frustração por não conseguir o mesmo tipo de êxito e a ansiedade por trilhar um caminho semelhante ao medo de nunca conseguir se aproximar de um sucesso dessa natureza e à depressão proveniente da conclusão de que, se é assim que se encontra um sentido, logo, essa conquista será algo praticamente inalcançável. É provável que o leitor já tenha se deparado com frustrações dessa natureza, justamente por, em algum momento, ter sido convencido do discurso triunfalista do sentido da vida.

Aqui, cabe admitir que é inegável que muitas pessoas encontram um sentido para a vida dessa forma, e não há erro algum nisso. O problema surge quando passamos a acreditar que somente essas realizações extraordinárias podem, de fato, ser fontes de sentido e nos esquecemos de que o sentido da vida é mais comumente encontrado também nas coisas mais simples, estando, assim, acessível a todos. As grandes realizações podem ser um objetivo de vida, mas o equilíbrio entre os sonhos e as condições reais para alcançá-los deve fazer parte de qualquer projeto de vida realizável.

Quero citar um exemplo exagerado, mas didático, com a finalidade de ilustrar essa necessidade de equilíbrio entre o limite dos nossos anseios e as condições reais para se chegar a eles.

Imagine um indivíduo que ama automobilismo e sonha em ser piloto de Fórmula 1. Sabemos que um prerrequisito para a concretização desse ideal é que ele tenha, desde muito novo, passado com sucesso por algumas categorias inferiores do automobilismo e que tenha atingido as condições necessárias para o desafio de pilotar um carro de Fórmula 1 até uma idade máxima aceitável, que em geral não passa dos vinte e poucos anos. Em outras palavras, por mais talento, desejo, vocação e até recursos financeiros que a pessoa tenha, ela não vai conseguir alcançar esse objetivo se começar a buscá-lo aos 50 anos de idade. A mesma lógica é válida para praticamente todas as modalidades esportivas.

Isso significa, então, que a possibilidade de encontrar sentido para a vida mediante uma prática esportiva é inatingível para aqueles que não começaram na infância? Logicamente não, pois se, por um lado, algumas das grandes realizações nesse campo são infactíveis depois de uma certa idade, como no exemplo apresentado, não há nada que impeça uma pessoa de qualquer idade de fazer do automobilismo ou de qualquer outro esporte uma fonte de sentido para sua vida, desde que seja capaz de alinhar suas expectativas com o que é factível. No caso do nosso exemplo fictício, a F1 pode ser um sonho impossível, mas outras tantas possibilidades continuam em aberto, desde a competição em outras categorias até o envolvimento com a modalidade em outras atividades afins. Ao encarar as coisas dessa forma, qualquer horizonte de sentido volta a ser plausível, ainda que em um patamar diferente daquele apresentado por uma visão romântica.

Em outras palavras, o sentido da vida não precisa ser encontrado em uma tarefa grandiosa, em uma vocação sublime ou em uma instância mística que circunda a existência humana. É algo prático, da ordem das ações. Pode ser alcançado nas pequenas e nas grandes oportunidades que a vida nos apresenta. Não é inerente ou dado, mas buscado e encontrado.

A essência da Logoterapia

Eventualmente, a premissa "A vida sempre tem um sentido", que serve como pedra angular da Logoterapia, pode ser uma simplificação do conceito mais profundo que está por trás da sentença. Para apresentar uma definição mais concreta, a seguinte formulação seria mais coerente com a proposta da Logoterapia:

"A vida sempre permite a possibilidade de ser configurada e vivida pela pessoa de tal forma que sua existência seja dotada de sentido".

Essa frase em si já amplia a questão consideravelmente. Ao esmiuçar essa ideia, nos deparamos com algumas premissas alinhadas com a tese central de Frankl:

1. Embora o sentido não seja inerente e previamente atribuído, a possibilidade de sentido sempre existe. Cabe à pessoa encontrar e atribuir à vida esse sentido, não somente em termos de considerar o leque de opções viáveis, mas também diante das responsabilidades que a vida coloca diante dela.
2. Uma vez que uma vida com sentido é uma possibilidade, a descoberta dele não será necessariamente algo automático. Embora possa ser algo intuitivo para muitas pessoas, certamente não o será para todas, exigindo de alguns mais esforço do que de outros nessa direção.
3. Se as possibilidades de sentido sempre existem, não estão sujeitas às circunstâncias exteriores. Ou seja, elas existem mesmo quando as circunstâncias não são favoráveis, como nos casos em que o sofrimento se apresenta em suas diferentes formas.
4. Se uma vida com sentido é uma possibilidade e depende de uma escolha, de uma atitude da pessoa, nem todos descobrirão o sentido da vida. Sempre haverá aquele que dirá que o sentido não existe e que nunca se deparou com ele. Isso não desqualifica o argumento de que a vida sempre pode ter um sentido, uma vez que o sentido não é dado, mas descoberto mediante a atitude que se toma diante dessa possibilidade.

Certamente, algumas questões mais amplas se levantam quando refletimos sobre essas premissas. Por exemplo, com relação ao sofrimento: como é possível uma vida com sentido em meio ao sofrimento? Ou então questões ligadas a um sentido superior, tais como: existe um sentido universal e último? Esses são temas relevantes que serão abordados de maneira mais específica em capítulos posteriores. Por ora, vamos nos deter nas questões primárias sobre o sentido da vida.

Na língua portuguesa, o termo sentido tem algumas conotações que são úteis para entender a abrangência da perspectiva que Frankl nos apresenta. Certamente, cada uma dessas conotações representa uma simplificação do conceito, mas todas são úteis na medida em que nos ajudam a ter uma noção mais concreta de uma ideia subjetiva.

1. Sentido é uma das formas do passado do verbo sentir. É o que foi sentido, o que passou pela nossa percepção e consciência. Da mesma maneira, no pensamento de Frankl, o sentido pode estar relacionado com as nossas experiências, nossa história, com o que realizamos, com quem vivemos e o que fizemos disso na vida que levamos.

2. Sentido é o significado de uma frase ou de uma ideia. A partir daí, compreendemos o sentido da vida como algo relacionado ao significado que damos às nossas experiências e intenções de maneira geral.

3. Sentido é a direção. É para onde vamos. Da mesma forma, o sentido tem a ver com nossos objetivos, metas de vida e futuras realizações.

Mudança de perspectiva

Se o reenquadramento do tema do sentido da vida dentro de uma realidade menos fantasiosa e mais concreta é um passo importante para sua descoberta, uma outra mudança de perspectiva também é fundamental, uma vez que uma atitude de negação da vida, segundo Frankl, é comumente acompanhada da seguinte expressão típica: "Não tenho mais nada a esperar da vida". Em sua proposta, Frankl vai afirmar que, a partir desse momento, "se faz necessária uma reviravolta em toda a colocação da pergunta pelo sentido da vida". O questionamento que deve ser feito é outro: "Precisamos aprender e também ensinar às pessoas em desespero que a rigor nunca e jamais importa o que nós ainda temos a esperar da vida, mas sim exclusivamente o que a vida espera de nós".[14]

As implicações dessa mudança de perspectiva colocam sobre a pessoa a noção de que cabe somente a ela responder a esse questionamento, e isso só será possível na medida em que o indivíduo reconhecer, de maneira responsável, as possibilidades que a vida coloca diante dele. Em outras palavras, ele só pode responder à pergunta quanto ao sentido da sua própria vida, e essa resposta só vai acontecer na medida em que ele assumir sua responsabilidade por ela.[15] Ao inverter a pergunta, em vez de seguir questionando o que esperar da vida, a pessoa passa a perguntar o que a vida espera dela, e um horizonte de possibilidades pode se abrir.

O sentido da vida segundo Frankl

Após essa desmistificação do conceito de sentido da vida e sua respectiva busca, como a Logoterapia pode nos ajudar a obter uma perspectiva mais concreta e acessível nesse campo? Alguns pressupostos podem ser úteis para isso.

a) A natureza do sentido é dinâmica

A primeira consideração relevante a fazer tem a ver com a compreensão da natureza dinâmica do sentido. Embora algumas fontes de sentido nos acompanhem no decorrer da vida, muitas delas certamente vão se atualizar e mudar com o passar dos anos, dos meses, dos dias e até das horas.

Isso faz com que a pergunta pelo sentido na perspectiva de Frankl seja sempre objetiva. Qual o sentido da minha vida hoje? Quais são as possibilidades que tenho? Que tarefas foram colocadas diante de mim e como posso fazê-las da melhor maneira? Com quais pessoas vou interagir e o que posso fazer por elas? Note que a resposta para essas perguntas pode se alterar diariamente. Da mesma forma ocorrerá com o sentido.

b) O sentido é relativo

O sentido é relativo na medida em que não pode ser dado arbitrariamente e será diferente de uma pessoa para outra, de um dia para o outro e até mesmo de uma hora para outra. Logo, o que se deve buscar não é um sentido da vida de modo geral, mas sim o sentido específico da vida de uma pessoa em dado momento.[16, 17]

c) O sentido é uma projeção

Sentido é apenas algo que projetamos nas coisas, coisas essas que em si são neutras.[18]

Ou seja, as coisas, as possibilidades, os projetos, as experiências e as pessoas em si podem ou não ser fontes de sentido. Quem vai definir isso é a própria pessoa, a depender da atitude que tomar diante delas.

Um filho pode ou não ser fonte de significado para seus pais. O que define isso não é o mero nascimento da criança, mas a atitude que seus pais vão tomar diante desse fato. Isso vale para uma oportunidade profissional, para os estudos, para os relacionamentos. Ainda que as possibilidades de sentido se apresentem diariamente, somente nós temos essa capacidade de conferir sentido à nossa existência, através da maneira como respondemos a essas possibilidades.

No dizer de Frankl: "O sentido é, pois, uma silhueta que se recorta contra o fundo da realidade. É aquilo que é preciso fazer em cada situação concreta; e esta possibilidade de sentido é sempre, como a própria situação, única e irrepetível".[19]

Como encontrar sentido?

Ainda assim, ao nos depararmos com os pressupostos de Frankl, fica a pergunta: se o sentido sempre é possível, como encontrá-lo? Presumindo que o sentido da vida sempre se modifica, mas jamais deixa de existir, e é uma tarefa e uma oportunidade individual alcançá-lo, Frankl sistematiza de maneira didática as possibilidades de encontrar um sentido em três categorias, às quais chamará de valores. Esses são "os sentidos partilhados pelos seres humanos transversalmente, nas sociedades e ao longo da história. São sentidos universais, que se cristalizaram nas situações típicas que a sociedade ou a humanidade tem que enfrentar".[20]

a) Valores de criação

De maneira simplificada, os valores de criação representam tudo aquilo que somos capazes de entregar ao mundo através de nossas obras e criações. Sempre que fazemos algo concreto, que criamos alguma coisa, das mais simples até as mais sofisticadas, colocamos em prática os valores de criação.

Nessa categoria podemos incluir nossos trabalhos, os estudos, nossas ocupações, nossos passatempos e até nossas tarefas diárias, executadas em situações concretas da vida e em resposta às oportunidades e necessidades que se apresentam.

Sempre que nos colocamos em ação e fazemos alguma coisa, podemos extrair sentido dessa tarefa.

b) Valores de experiência

A segunda forma de encontrar um sentido é através dos valores de experiência, que se apresentam por meio daquilo que recebemos do mundo ao nosso redor, tanto em termos de experiências como nos encontros.

Os valores de experiência são também chamados de valores de vivência e, de maneira prática, conectam-se com o sentido que encontramos nas vivências ou experiências, como na relação com a natureza, seus elementos e criaturas, mas também na cultura e seus elementos, na arte em suas mais distintas apresentações, na bondade, na beleza.

Ou na dedicação a uma causa ou uma ideia. Em todas essas instâncias nas quais interagimos com o mundo ao nosso redor, podemos encontrar um sentido para a vida.

Dentre as possibilidades de sentido nessa categoria de valores, uma se destaca: a vivência de um encontro com outra pessoa, a relação que construímos com ela e, acima de tudo, a possibilidade de experimentar nessa relação, através do amor, a originalidade única que cada um possui.

Certamente, abrange-se com isso não somente o amor de uma relação romântica, mas também algo além. O sentido pode ser encontrado em todas as formas de amor, como na amizade e nos laços de amor fraternais e familiares. Nos convívios amorosos, as possibilidades de sentido transbordam e se concretizam. Isso se deve a uma característica essencial do ser humano à qual Frankl dá o nome de autotranscendência.

c) Valores de atitude

Por fim, o sentido é possível através dos valores de atitude. Uma vez que tanto os valores de criação como os de experiência pressupõem condições mínimas de possibilidades para que a pessoa os coloque em prática, será que isso significa que, se estamos privados dessas condições, seja devido a limitações físicas, seja pelas circunstâncias, ficamos então desprovidos das possibilidades de uma vida com sentido?

De forma nenhuma. Nessas situações extremas, o sentido ainda é possível mediante os valores de atitude. Essa atitude se reflete na postura que tomamos diante da vida, quando nos deparamos com uma situação que não podemos mudar. Isso inclui nosso posicionamento diante do sofrimento inevitável e das fatalidades da vida. Através da atitude que tomamos, segundo Frankl, podemos ser capazes de transformar uma tragédia em um triunfo e um sofrimento em uma conquista.[21] No Capítulo 7, vou explorar esse tema com mais profundidade.

Como já disse, essa é uma sistematização didática, uma vez que as categorias podem se sobrepor e nem sempre os limites entre ela são tão claros assim.

Dedicar-se à arte, por exemplo, é tanto um valor criativo, por envolver ações concretas, como também um valor de experiência, já que o contato com a arte transcende o material. Ao mesmo tempo, pode ser um valor de atitude quando for utilizada como um recurso que ajuda a suportar o sofrimento de uma situação. Compreendo essas categorias como úteis para uma jornada mais prática na direção de um sentido, mas em momento algum como uma forma de padronização rígida dessa tarefa tão única que é a busca por um sentido.

Na prática

Uma vez que afirmamos que o sentido para a vida pode ser descoberto não somente em grandes realizações, pode ser proveitoso dar exemplos práticos sobre o assunto. É comum no consultório me deparar com pacientes que não sabem o que fazer ou por onde começar sua jornada na direção de um sentido para a vida. E, claro, embora não seja tarefa do psicoterapeuta dizer ao seu consultante qual é ou deve ser o sentido da sua vida, a prática no exercício de observar pessoas buscando e encontrando sentido nos ajuda a ter uma noção mais concreta do assunto.

Quero, a seguir, dividir com o leitor uma lista de atividades que, de maneira concreta, tem sido útil para aqueles que buscam formas de encontrar um sentido. Não tive a preocupação de categorizar essas atividades como valores de criação, experiência ou atitude, pois, como disse há pouco, vejo como flexíveis os limites entre essas categorias, assim como afetados pelo contexto e situação de vida de cada um. Segue uma lista de possibilidades disponíveis a qualquer pessoa em busca de sentido:

> Estudar um assunto, formal ou informalmente. Participar de cursos, eventos, congressos.
> Aprender alguma coisa nova, como um idioma, culinária, decoração, dança, desenho, escultura, pintura, artesanato, costura, construção, marcenaria, fotografia.
> Visitar exposições, peças, apresentações e outros eventos culturais.
> Praticar um esporte, preferencialmente em grupo. Participar de eventos esportivos.
> Aprender a cantar, tocar um instrumento e participar de uma orquestra, grupo ou coral.
> Colecionar algo.
> Participar de grupos de estudo sobre literatura, arte, cinema, religiões.
> Investir na própria carreira ou na possibilidade de uma transição através de cursos, mentorias e formações.
> Empreender, criar algo, monetizado ou não.
> Ensinar alguma coisa.

> Viajar, conhecer novas culturas e pessoas.
> Cuidar de um animal.
> Cuidar de uma pessoa. Dedicar-se à família e aos amigos. Encontrar-se regularmente com eles. Servir.
> Praticar o voluntariado. Envolver-se com grupos. Ajudar os necessitados.
> Adotar práticas religiosas e espirituais.

Cada uma dessas alternativas revela uma infinidade de possibilidades de encontrar um significado para a vida, tanto a partir da ocupação e das atividades que proporcionam como por meio das pessoas que conhecemos e com as quais nos relacionamos nessas jornadas.

Unicidade do sentido

Complementando a compreensão de Frankl sobre o sentido da vida, um dos aspectos importantes que ele agregará ao conceito tem a ver com a sua unicidade. Uma vez que a vida de cada ser humano é absolutamente singular, ninguém pode viver a vida de ninguém. E, da mesma forma que ninguém pode ser substituído, as oportunidades de realização de sentido também são únicas e irrepetíveis.[22]

Assim, mais uma vez admitimos que a busca por sentido não deve ser orientada para um sentido abstrato, intangível, mas para a compreensão de que cabe a cada pessoa executar uma tarefa concreta que somente ela pode realizar. Assumir essas responsabilidades, das menores às maiores, seria a concretização de uma missão ou vocação. E nisso ninguém pode ocupar o lugar do outro. Essas oportunidades são singulares.

Ao redor do conceito de sentido da vida e sua respectiva busca se organiza todo o sistema teórico e psicoterapêutico de Viktor Frankl. Como pudemos ver, seu esforço é para trazer essa busca ao campo das atitudes simples e concretas da vida.

É importante ressaltar que, ao afirmar tais ideias, Frankl tem plena noção de que, embora a busca por sentido seja o eixo central, ela não é a única particularidade da natureza humana e, mais do que isso, devemos tomar cuidado para não sermos reducionistas nesse ponto. A compreensão da natureza humana e suas questões pode partir de causas e circunstâncias orgânicas, psíquicas ou existenciais que irão sempre interagir entre si, levando à necessidade de um olhar mais amplo do que o foco em apenas um desses aspectos. Justamente por isso, Frankl enfatizava com frequência que a Logoterapia não deveria ser vista como uma panaceia.

Precisamente por ter consciência da pluralidade de fatores que compõem a natureza humana e da insuficiência da Logoterapia em dar conta dessa integralidade, Frankl apresenta duas ressalvas. Em primeiro lugar, a noção clara de que suas ideias estavam abertas à cooperação com outros métodos psicoterapêuticos, uma vez que as importantes descobertas de pioneiros como Freud, Adler, Pavlov, Watson ou Skinner não deveriam ser invalidadas, na medida em que cada uma dessas escolas de pensamento tem algo a dizer.[23]

Principalmente em relação à psicanálise, conquanto tenha deixado claro suas críticas, Frankl continuou tomando seu primeiro mestre em alta conta, a ponto de afirmar que a psicanálise era, e continuaria sendo, o fundamento indispensável de toda terapia, até mesmo das escolas que ainda surgiriam,[24] já que a genialidade de Freud o teria levado a alicerçar seu método em uma ideia óbvia, porém até então subestimada por seus pares: "Vamos ouvir o que nossos pacientes têm a dizer". E assim perdura até hoje, nas mais variadas correntes da psicologia, a compreensão de que o discurso do paciente e a relação psicoterapêutica que se estabelece a partir desse discurso têm importância fundamental para o processo. Nisso, todos permanecem discípulos de Freud.

E, em segundo lugar, a noção de que sua própria teoria estava aberta à evolução. Sua proposta era apresentar um fundamento para que outros pudessem prosseguir a partir dali. A Logoterapia foi apresentada por seu criador como uma escola antidogmática e aberta. Repetidas vezes Frankl afirmou não ter interesse em formar robôs ou papagaios e compreendia sua posição como pai ou fundador da Logoterapia nos seguintes termos: alguém que lançou um fundamento que, na verdade, era um convite aos outros que viessem depois dele para dar seguimento à construção desse edifício.[25]

A compreensão sobre o ser humano enquanto um ser em busca de sentido é o alicerce fundamental do pensamento de Viktor Frankl. A partir desse ponto, podemos dar o próximo passo, que está ligado ao entendimento da natureza humana segundo a Logoterapia. No capítulo seguinte avançaremos nessa direção.

6
O QUE É O HOMEM?

Ser Humano é Ser Junto.
Mario Sérgio Cortella, em *Ser humano é ser junto**

Quem é o ser humano em busca de sentido? De maneira mais ampla, toda tentativa de explicação sobre o ser humano e sua natureza psíquica vai, necessariamente, se ancorar em uma visão de ser humano, implícita, por vezes, nos pressupostos de uma teoria.

No caso da Logoterapia, a resposta a essa pergunta é muito direta e importante para a compreensão de outros aspectos da teoria. Isso porque, na base das suas ideias, Frankl procura ir além de algumas das visões predominantes sobre o ser humano em sua época. De um lado estava a ideia de que o ser humano é fruto do meio, de processos de aprendizagem, punição e reforço, e, de outro, a concepção de que o ser humano responde aos instintos e age predominantemente influenciado por forças inconscientes.

---

*CORTELLA, M. S. *Ser humano é ser junto*: por uma vida sem preconceito e com diversidade. São Paulo: Planeta, 2022.

Sem negar a relevância e a veracidade contida nesses pressupostos, Frankl apresenta a tese de que ambos são visões limitadas e não dão conta de explicar o ser humano em sua totalidade. A base da concepção antropológica da Logoterapia está justamente nessa crítica ao que Frankl chama de reducionismo e na apresentação de uma outra concepção de ser humano.

Crítica ao reducionismo

Contra o que considera ser um reducionismo das correntes predominantes da época, Frankl recorre ao conceito de homúnculo, do latim *homunculus*, que, em uma tradução mais literal, seria "homenzinho". Esse conceito refere-se à tentativa dos alquimistas de fabricar a vida humana a partir de objetos inanimados. Na tradição judaica, a história do Golem, uma espécie de ser trazido à vida para proteger os judeus, é um exemplo disso. Curiosamente, a narrativa clássica nos conta que o criador do Golem foi o Maharal de Praga, rabino Judah Loew (1525-1609 d.C.), ancestral direto de Viktor Frankl.[1] A mesma temática surge na cultura popular em histórias como a de Pinóquio e Frankenstein. Seres quase humanos, criados por humanos, mas com limitações que os impedem de desfrutar da humanidade plena. O olhar reducionista transforma o ser humano nesse tipo de criatura, resultando na tendência a resumir o ser humano a um mero organismo biológico ou a um mecanismo psicológico.[2]

As correntes antropológicas que partem do princípio da impossibilidade de um sentido contribuem para ver no homem apenas parte do que ele de fato é. Frankl via nisso uma limitação, por impedir um olhar mais profundo e completo sobre a natureza humana, e, ao mesmo tempo, um risco, pois esse tipo de visão poderia aprofundar os estados neuróticos do homem, representando-o apenas como uma caricatura. "O homúnculo moderno não é gerado em grutas e alambiques alquimistas, mas lá onde expomos o homem como um autômato reflexivo ou como um feixe pulsional, como um joguete de reações e instintos, como um produto de pulsões, herança e mundo circundante."[3]

Mesmo quando nos deparamos com uma perspectiva que procure integrar esses dois aspectos, propondo uma unidade psicossomática, ainda assim, não se abrangeria a totalidade do homem, pois faltaria ainda um elemento. Em toda a obra de Frankl essa temática é recorrente. A perspectiva de uma vida com sentido está alicerçada em um olhar mais amplo sobre a natureza humana, que será herdado em especial da filosofia de Max Scheler. Assim, Frankl acrescenta em sua antropologia a noção de um ser que vai além das dimensões físicas e psíquicas, mas que apresenta também uma dimensão espiritual: "A essa totalidade pertence muito mais essencialmente o elemento noético, o elemento espiritual; o homem se mostra como um ser, em verdade, não apenas, mas em essência, espiritual".[4]

Sua ideia não é tomar o lugar do conhecimento psicológico da época ou refutá-lo, mas revisá-lo sob a ótica de uma dimensão superior.[5] Essa é uma das principais razões pelas quais considera sua teoria aberta à própria evolução, bem como à contribuição de outras teorias. Através desse esforço buscava ampliar a forma como a psicologia de sua época compreendia o ser humano. Sem dúvida, isso ainda é válido e necessário nos dias de hoje.

Na verdade, por vezes temos a impressão de que a psicologia enfrenta um retrocesso nesse sentido, uma vez que ainda existem muitos que refutam a possibilidade de que as diferentes visões sobre a psique humana possam, em certo nível, ser complementares umas às outras. Em alguns casos extremos, essa tendência beira o ridículo, por exemplo, quando se promove uma espécie de "guerra de abordagens" em que se ridicularizam as ideias de uma determinada teoria, ou manifesta-se nas entrelinhas dessa atitude uma busca por uma suposta autoridade científica de certas teorias diante de outras. Entendo que, na prática, acabam se revelando nessas posturas uma face autoritária e uma busca por poder, disfarçada de discurso científico, à semelhança do que ocorreu no século 19 com a eugenia ou a ideia do "criminoso nato" de Cesare Lombroso.

Na perspectiva de Frankl, ao ignorar as múltiplas faces e explicações sobre a natureza humana, bem como as limitações de uma teoria na tentativa de compreender o homem, as diferentes vertentes psicológicas corriam o risco de confinar o indivíduo a limites sub-humanos com base em um estreito conceito de verdade científica. Assim, delimitam seu objeto de estudo mediante esquemas preconcebidos de interpretação, como no mito de Procusto, personagem da mitologia grega que costumava amputar ou esticar os membros de seus hóspedes para que eles coubessem exatamente na sua cama.[6]

Dimensão espiritual

O que seria para Frankl essa dimensão espiritual? É muito fácil cair na tentação de tomar o termo pelo seu sentido mais comum e imaginar que Frankl estava se referindo a uma dimensão humana ligada ao transcendente, ao metafísico. De fato, ao tomar contato com a Logoterapia, muitos leitores entenderam o termo dessa forma. Quando notou isso, Frankl substituiu, em muitas publicações, o uso do termo "espiritual" por "noético".

Isso porque sua concepção de dimensão espiritual, embora possa abranger as iniciativas de relação do indivíduo com o transcendente, está longe de se resumir a isso ou depender disso. O "espiritual" para Frankl é o que existe de realmente humano no homem. É aquilo que nos diferencia das outras espécies, é o que temos de peculiar, que não é compartilhado com outras categorias de seres vivos.

O espiritual é a dimensão do sentido da vida, do amor, da arte, do humor, da liberdade e da responsabilidade humana: "o elemento humano propriamente dito só pode vir à tona se ousarmos nos inserir na dimensão do espiritual, [...] o homem só se torna visível na medida em que inserimos essa 'terceira' dimensão em sua consideração [...]".[7]

O ser humano é apresentado então como uma unidade e uma totalidade corpóreo-psíquico-espiritual. As dimensões biológicas e psicológicas são, até certo ponto, compartilhadas com os outros seres deste planeta. A dimensão espiritual, porém, é uma peculiaridade. "O espiritual, contudo, não é apenas uma dimensão própria, mas também a dimensão propriamente dita do ser do homem."[8]

Essa perspectiva não propõe um funcionamento paralelo ou independente das três dimensões, mas sempre integrado. Em sua essência, é um olhar holístico da condição humana. O ser humano é apresentado, dessa forma, como um "ser integrado", uma "totalidade biopsicoespiritual".[9]

A precocidade com a qual Frankl insere a importância dessa ampliação antropológica em sua teoria é digna de nota. Seu entendimento é cada vez mais atual. A psicologia moderna caminhou nos últimos vinte anos a passos largos nessa direção. A noção de uma dimensão espiritual que é acima de tudo humana, sem estar necessariamente atrelada ao conceito de religiosidade ou à crença no transcendente, é uma perspectiva crescente e defendida por pensadores contemporâneos relevantes, como Alain de Botton, André Comte-Sponville e Luc Ferry, por exemplo. Entre as características peculiares que emanam dessa dimensão tipicamente humana está a autotranscendência, que para Frankl é a essência da existência.

Autotranscendência

Por definição, na concepção de Frankl, essa particularidade da espécie humana significa que ser humano é ser direcionado para algo que não si mesmo, podendo esse algo ser um sentido a realizar ou outro ser humano a encontrar.[10, 11]

Essa nuance faz do homem um "ser em busca de sentido". Assim, conectamos as propostas de Frankl para a busca de um sentido com sua concepção antropológica fundamental. A consumação dos valores, sejam eles de criação, de experiência ou de atitude, sempre estará ligada à autotranscendência: "Por isso compreendo o fato antropológico primordial que o ser humano deva sempre apontar para qualquer coisa ou qualquer um diverso dele próprio, ou seja, para um sentido a realizar ou para um outro ser humano a encontrar, para uma causa à qual consagrar-se ou para uma pessoa a quem amar".[12] Uma existência realizada e repleta de sentido não poderá emanar de uma vida centrada no "si mesmo". O sentido é encontrado conforme a pessoa for capaz de ir além de si e conectar-se ao mundo, aos seres e objetos exteriores.

"Quanto mais a pessoa esquecer de si mesma dedicando-se a servir uma causa ou amar outra pessoa, mais humana será e mais se realizará."[13] Essa é uma das implicações mais relevantes do pensamento de Frankl. Seguindo essa lógica, a autorrealização torna-se um efeito colateral da autotranscendência e da busca por um sentido. Da mesma forma, a felicidade, o sucesso, o prazer e todas essas realizações tão buscadas no mundo contemporâneo nunca serão fins em si mesmas, mas sempre consequências de uma vida com sentido.

Um exemplo recorrentemente utilizado por Frankl e que nos ajuda a compreender o que isso significa é o bumerangue. Ao contrário do que o mundo ocidental costuma pensar, o bumerangue não é um brinquedo feito para ser arremessado e voltar ao mesmo lugar. Embora ele possa ter esse uso, esse não é o seu propósito. Um bumerangue é, antes de tudo, um instrumento de caça. Seu objetivo é atingir uma presa. Porém, quando erra o alvo, sua aerodinâmica permite que volte ao ponto de onde saiu, facilitando assim a vida do caçador, que não precisará se deslocar até o local onde ele foi parar. O bumerangue só volta ao ponto de partida quando erra o seu alvo.

Assim é também a existência humana. O propósito original do ser humano não é orbitar ao redor de si mesmo, mas sim, a partir de si, direcionar-se para atingir o que está além de si: o encontro com outros seres, a entrega ao que transcende o eu, seja uma pessoa, uma tarefa, um ideal ou um propósito de vida. O ser humano só orbita ao redor de si quando perde de vista o alvo principal da existência humana, que é transcender o eu. Quando se esquece disso, passa a um eterno retorno ao eu e torna-se incapaz de viver uma vida repleta de sentido. A consequência é o espaço vazio entre os seres humanos que, ao final, vai resultar em vazio existencial – condição essa que Frankl apontou como uma das neuroses de massa dos nossos dias.

Olhando ao redor, é possível ver os sintomas dessa neurose de massa.[14] Eles se apresentam em uma pluralidade de formas, como no egoísmo nos relacionamentos; na agressividade das relações abusivas; no narcisismo doentio que nossa sociedade toma como valor; e na necessidade descomedida de consumo. O outro passa a ser um mero detalhe que compõe a paisagem do meu próximo *post*, ou então o "contatinho" ao qual vou recorrer quando a sombra do que falta intensificar a angústia do vazio. Muita convivência e pouca transcendência. Substâncias que provoquem alteração da consciência podem ser paliativos em certos momentos, mas não resolvem a questão central: uma vida repleta de sentido só pode ser vivida quando ousamos ir além de nós mesmos e nos entregamos, quando não negligenciamos essa característica essencial da existência que é a capacidade de transcender o eu e nos conectarmos com o próximo, com o mundo e suas possibilidades.

As figuras a seguir nos ajudam a entender o sentido como consequência da autotranscendência e o vazio existencial como fruto de uma vida cujo trajeto não vai além do eu.

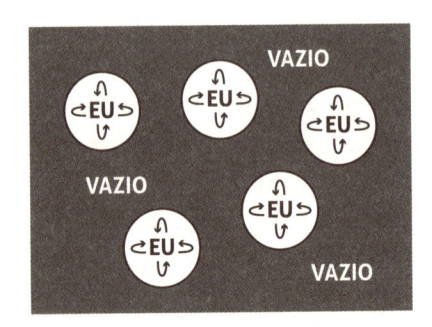

Figura 1

Figura 2

Na Figura 1, vemos a representação do indivíduo que, orbitando o próprio eu, fazendo de si próprio a razão única de sua existência, transforma o eu em um fim em si mesmo. Se numa comunidade de pessoas cada um agir dessa forma, os elos e as possibilidades de conexão desaparecerão.

O que restará entre elas? O vazio da existência voltada apenas para o eu.

Em contrapartida, na Figura 2, vemos a representação das pessoas que, partindo de si mesmas, orientam-se para o mundo exterior, para outras pessoas e possibilidades, transcendendo o eu em direção ao outro. É importante notar que isso não significa uma negação ou um aniquilamento do eu, mas sim a consciência de que um eu completo só irá emergir da interação com outros seres. Nesse caso, à medida que cada ser rompe os limites do eu na direção do outro, um emaranhado de conexões irá surgir, superando o vazio e criando uma rede existencial que oferecerá fontes de sentido para cada pessoa que fizer parte dela. Essa conexão é o que chamamos de autotranscendência.

Ao mesmo tempo que, graças a essa característica antropológica fundamental, o ser humano é capaz de ir além de si mesmo, o homem é constituído também pelo desejo natural de viver uma vida cheia de sentido. A essa característica Frankl irá chamar de "vontade de sentido". A frustração dessa vontade de sentido, em sua leitura, está na raiz dos sentimentos de falta de sentido e de vazio, da sensação de futilidade e de absurdo, e representa uma das queixas mais comuns levadas aos consultórios dos psiquiatras e psicólogos.

A vontade de sentido

O mundo moderno se ocupou de prover as maiores necessidades humanas e até mesmo as mais superficiais. Em contrapartida, a necessidade mais fundamental foi deixada de lado: a necessidade de sentido,[15] que, por sua vez, é um "interesse primário" do ser humano e, mais do que isso, um "valor de sobrevivência": "O homem procura sempre um significado para sua vida. Ele está sempre movendo-se em busca de um sentido de seu viver".[16] Até mesmo nos campos de concentração, Frankl observou que, entre os fatores que mais ajudavam na resiliência e esforço para a sobrevivência, estava o desejo de concretizar algo projetado no futuro, uma pessoa a encontrar ou uma tarefa a ser concluída.[17]

Liberdade

Se a vontade de sentido é uma das características constitutivas da pessoa, Frankl apresenta a compreensão de que existe uma dimensão de liberdade, que permite ao homem alinhar os seus atos na direção dessa vontade de sentido. A questão da liberdade é um tema sensível na psicologia e na filosofia. É comum a ideia de que o ser humano alimenta apenas uma ilusão de livre-arbítrio, que tenta convencer a si mesmo de que agiu de forma espontânea quando, na verdade, está apenas justificando racionalmente uma ação instintiva ou manipulada pelas circunstâncias externas.

Por essa razão, o entendimento de que o ser humano é um ser livre, dotado da capacidade de escolher, é uma posição controversa que Frankl se atreve a tomar. Ao justificar sua noção, apresenta o contraste entre um ser fático, ou seja, aquele que não tem espaço de escolha, que "precisa ser de tal forma ou de outra", *versus* aquele que considera o ser real, o ser facultativo, aquele que é capaz de escolher e sempre pode "vir a ser de outro modo".[18]

Isso não significa ignorar o impacto e o grau de influência que os fatores externos e internos podem assumir nas tomadas de decisão. Frankl não apresentava um olhar ingênuo sobre o tema: "Como disse uma vez: na qualidade de professor de duas disciplinas, neurologia e psiquiatria, sou plenamente consciente dos limites aos quais o homem está sujeito pelos condicionamentos biológicos, psicológicos e sociológicos". Significa, porém, que, apesar desses fatores, sempre existe uma janela de escolha em meio a eles: "Mas além de ser professor de duas disciplinas de dois campos científicos diversos, sou também sobrevivente de quatro campos – ou seja, de campos de concentração – e como tal sou também testemunha do grau incrível a que pode chegar o homem no desafiar e enfrentar mesmo as piores condições imagináveis".[19]

Ao contrário do que alguns pensam, esse olhar sobre o tema da liberdade humana não é uma perspectiva simplória, que ignora o caldeirão dos fatos e influências que afetam a existência, mas sim a perspectiva de que, apesar desses fatores, a pessoa mantém o protagonismo. Isso permite que o ser humano seja visto como digno, e não como uma mera vítima dos seus instintos ou circunstâncias.

"Todo ser humano tem liberdade de mudar a qualquer instante, [...] ser humano é capaz de mudar o mundo para melhor, se possível, e de mudar a si mesmo para melhor, se necessário." Isso significa que ninguém pode prever o comportamento e o destino de cada um.[20]

Em última instância, não se trata de um desdém aos instintos, à genética ou à influência do meio na formação da pessoa. Trata-se, isso sim, de valorizar a dimensão humana, essa capacidade distintiva entre o homem e o animal que é a habilidade de escolher, ainda que se reconheça que essa capacidade tem certos limites. A ênfase dada por Frankl está no espaço de atuação que podemos ter dentro desses limites:

> A liberdade humana é uma liberdade limitada. O homem não é livre de certas condições, mas é livre para tomar posições diante delas. As condições não o condicionam inteiramente. Dentro de certos limites depende dele se sucumbe e deixa-se limitar pelas condições ou não. Ele pode até superar as condições e, assim fazendo, abrir-se um caminho e penetrar na dimensão humana.[21]

O exercício da vontade é o fundamento dessa liberdade, capaz de se contrapor às influências internas e externas e até mesmo subjugá-las: "A partir do sempre fazer algo bom uma vez mais vem à tona, por fim, o ser bom. Assim, poderíamos dizer: A decisão de hoje é o impulso de amanhã".[22]

Um contraponto relevante é que, para Frankl, "a liberdade, no entanto, não é a última palavra. Não é mais que parte da história e metade da verdade". Ao lado do conceito de liberdade, está sempre o polo da responsabilidade: "Na verdade, a liberdade está em perigo de degenerar, transformando-se em mera arbitrariedade, a menos que seja vivida em termos de responsabilidade".[23]

A liberdade será sempre uma "liberdade diante de", no que diz respeito a essa capacidade humana de posicionar-se perante os instintos, da herança genética e do mundo circundante, mas será também uma "liberdade para", no que tange às possibilidades e às responsabilidades de cada indivíduo diante das suas escolhas e do seu impacto no mundo e nas pessoas ao seu redor.

Em uma palestra ministrada nos Estados Unidos, Frankl chegou a sugerir que na costa oeste deveria ser construída a "Estátua da Responsabilidade", para que, ao lado da "Estátua da Liberdade", ambas representassem o fenômeno humano em sua totalidade. (Já existe um projeto em curso feito pelo artista Gary Lee Price e apoiado por Stephen Covey para a construção de uma estátua de mais de 100 metros de altura, na Califórnia, com base na sugestão de Frankl.)[24]

Parte do discurso de "liberdade de expressão" contemporâneo ancora-se justamente nessa degeneração da liberdade que Frankl chamou de arbitrariedade. Quando, sob a bandeira da liberdade, alguém se sente no direito de afirmar que "as minorias devem se adaptar às maiorias", que ideologias genocidas como o nazismo, em nome da liberdade, devem ser permitidas, ou então que a homofobia, o preconceito e outros tantos discursos baseados no ódio ao humano devem ser autorizados porque "somos seres livres", estamos corrompendo a essência da liberdade e promovendo a tirania.

A apresentação desses conceitos permite compreender melhor a perspectiva sobre a natureza humana apresentada por Frankl. Além disso, é válido também retomarmos de maneira mais ampla que esse olhar otimista reconhece também a predisposição à barbárie inerente ao homem: "O que é, então, o homem?", indagamos de novo. É um ser que sempre decide o que é. Um ser que, em proporções idênticas, traz consigo as possibilidades de descer ao nível animal ou se elevar à vida do santo. O homem é a criatura que inventou a câmara de gás, mas, ao mesmo tempo, é a criatura que foi para a câmara de gás de cabeça erguida, rezando o Pai Nosso ou com a prece fúnebre dos judeus nos lábios.[25]

Logo, todo discurso absolutista é reducionista e incorreto. O que vai diferenciar o indivíduo que criou os campos de concentração daquele que arriscou sua vida para salvar pessoas que seriam enviadas a esses mesmos campos são as escolhas a serem feitas.

Em suma, a Logoterapia prevê a autonomia humana fundamentada nessa liberdade interior como base para a existência. É justamente essa disposição que permite ao ser humano se posicionar até mesmo diante das situações extremas, como aquelas nas quais o sofrimento se apresenta. Essa, a propósito, é uma das grandes contribuições de Frankl através da Logoterapia, e será explorada no próximo capítulo.

7
UMA RESPOSTA AO SOFRIMENTO

> *Creio que a melhor definição que posso dar ao homem é a de que se trata de um ser que se habitua a tudo.*
>
> Fiódor Dostoiévski, em *Recordações da Casa dos Mortos**

Se a vida sempre pode ter um sentido, como propõe a Logoterapia, é necessário que o sentido se faça presente em todas as circunstâncias: nas boas e nas ruins; nas mais favoráveis e nas adversidades; quando tudo dá certo e os ventos sopram a nosso favor, mas também quando a tempestade surge no horizonte e as nuvens escuras nos impedem de ver uma saída. Do contrário, o sentido da vida será algo condicional. Ficará à mercê de fatos alheios à própria liberdade da pessoa de tomar uma posição diante deles. Ao estabelecer as bases de sua teoria, Frankl não ignorou essa temática. Ele sabia que a questão do sofrimento seria um desafio à tese de que a vida sempre pode ter um sentido, e a encarou como um dos temas principais de sua obra.

Assim como cada pessoa é única, irrepetível e insubstituível, cada possibilidade de realização de sentido também o será, e a maneira como a pessoa encara o sofrimento

---
*DOSTOIÉVSKI, F. *Recordações da Casa dos Mortos*. São Paulo: Nova Alexandria, 2015.

igualmente poderá desvelar uma possibilidade única de realização de sentido. Isso não quer dizer que o sofrimento é necessário para que se encontre um sentido, mas sim que o sentido é possível incondicionalmente ao sofrimento e apesar dele, embora com esforço.[1]

O sofrimento faz parte

Efetivamente, mais do que admitir a possibilidade de um sentido apesar do sofrimento, Frankl encara isso como uma necessidade a partir do momento em que compreende o sofrimento como algo inevitável: "O sofrimento é apenas um aspecto do que chamei de 'tríade trágica' da existência humana [...]. A tríade trágica é composta por três elementos: dor, culpa e morte. Não há um único ser humano que possa dizer que jamais sofreu, que jamais falhou e que não morrerá".[2] A partir dessa premissa, a questão já não é mais se vamos sofrer, mas quando e como vamos encarar o sofrimento.

Se o sofrimento é inerente à existência, seus efeitos também o são. Para além das dores físicas e emocionais, Frankl destaca em sua análise sobre o estado geral dos prisioneiros dos campos de concentração o potencial de destruição moral causado pelo aprisionamento em tais circunstâncias. O impacto psicológico dessa experiência foi tamanho que persistiu até mesmo depois da libertação. Ao serem libertos, ao contrário do esperado, a alegria não fluiu de maneira espontânea. "Chega-se a um campo. Nele se veem flores. Toma-se conhecimento de tudo isso, mas não se chega a 'tomar sentimento'."[3]

É pertinente essa distinção feita entre o "tomar conhecimento" (saber) e o "tomar sentimento" (viver). Em diferentes situações permeadas pelo sofrimento, os efeitos prolongados, na forma de traumas, podem impedir alguém de voltar a viver, mesmo tempos depois de a situação de sofrimento ter acabado. Isso se assemelha ao que acontece com um animal resgatado de um abrigo: num primeiro momento, ele não aceita comida, carinho ou contato com as pessoas, exigindo por vezes um longo processo de socialização. A privação de humanidade e a exposição prolongada ao sofrimento podem nos levar à desconfiança, à incapacidade de nos alegrarmos e ao medo de nos entregarmos às experiências que a vida nos apresenta.

No que diz respeito às emoções, não é diferente. Tomemos o exemplo de alguém exposto por anos a um relacionamento disfuncional e abusivo. Uma vez encerrada essa relação, por vezes a pessoa continua a sofrer com as sequelas causadas pelo tempo vivido naquela condição. Como consequência, acaba por se fechar ao mundo e às novas possibilidades que nele estão, tanto em termos de relações como experiências, e, assim, acaba por boicotar as oportunidades que a vida ainda pode lhe trazer. Por causa dessa postura de embrutecimento emocional, acaba sofrendo duplamente.

Quando nos vemos nesse tipo de situação, é fundamental que tenhamos clareza de que, se um passado de sofrimento já consumiu por demais nossas oportunidades para a felicidade, não podemos permitir que ele comprometa também o futuro, fazendo-nos perder a capacidade de nos maravilhar com a vida, o mundo e as pessoas.

Frankl nos conta que, anos antes de sua morte, o grande rabino Abraham Heschel sofreu um ataque cardíaco e sobreviveu por pouco. Em sua recuperação, encontrou-se com um amigo a quem confessou: "[...] nunca na minha vida pedi a Deus sucesso, sabedoria, poder ou fama. Pedi assombro, e ele me concedeu. Pedi assombro, e ele me concedeu".[4]

A capacidade de assombro é um dos segredos para nunca deixarmos de nos encantar com o colorido das flores e a imponência das árvores, com a inocência de uma criança, a imensidão do espaço, a grandeza de uma montanha, a perfeição de uma obra de arte ou a perspectiva de uma nova paixão. A capacidade de nos assombrarmos com a existência em si é o principal alimento para a esperança de que as coisas sempre podem ser melhores.

Além do embrutecimento, o sofrimento pode desencadear amargura e decepção. Isso porque, invariavelmente, apenas quem sofreu ou está em sofrimento sabe exatamente como é passar pela situação. Na tentativa de trazer algum consolo, as pessoas podem atrapalhar mais do que ajudar. Frankl relata que, ao sair dos campos, algumas das frases comuns que ouviam eram "não sabíamos", "também sofremos".[5] Essas palavras vazias tinham um potencial mais destrutivo do que edificador. Semelhante aos amigos de Jó, cuja iniciativa de prestar solidariedade acabou se apresentando como uma tentativa de responsabilizá-lo pelas desgraças acontecidas em sua vida.

Sensação similar tem a pessoa adoecida. Tomemos o exemplo de uma pessoa com depressão que ouve frases do tipo: "Você precisa se animar", "Sua vida não é tão ruim para você estar dessa forma", "Existem pessoas em situações piores", "Apegue-se a Deus", e outras inúmeras frases vazias. Longe de prover conforto, essas falas acentuam a condição de sofrimento, acrescentando a ele também decepção.

Precisamos aprender que, diante do sofrimento, as ações falam mais alto do que as palavras. É preciso estar ao lado em silêncio, ouvir sem julgar ou emitir opiniões. Acompanhar a pessoa na busca por cuidados e soluções. Demonstrar compaixão. Essas são as atitudes que realmente podem ajudar.

Temos a tendência a pensar que compreendemos as dores do outro a partir das nossas próprias. É um erro, pois, mesmo no caso de duas pessoas que passaram por situações semelhantes, como a perda de um emprego, uma doença ou uma separação, o significado, a dimensão e as consequências dessas dores nunca serão os mesmos para ambas as pessoas.

Elizabeth Lukas, uma das mais brilhantes pensadoras da Logoterapia, conta-nos uma história interessante sobre isso. Certa ocasião, quando era uma jovem estudante, estava em Viena conversando com Frankl, quando lhe disse: "Professor Frankl, sua vida é uma prova do que você ensina. Mas o que devemos fazer nós, estudantes, que nunca experimentamos os sofrimentos da guerra e não podemos dizer que fomos testados pelos tormentos do inferno?".

A pergunta dela refletia uma preocupação genuína. Seria a Logoterapia útil também para pessoas comuns?

Aquelas que nem de longe podem comparar seus sofrimentos com o testemunho daqueles que, no curso da história, enfrentaram as maiores provas? A resposta de Frankl diante de tal questionamento foi: "Oh, sra. Lukas, todo mundo tem um Auschwitz!".[6] A dra. Lukas relata que essa resposta a deixou atordoada e em silêncio, uma vez que sabia havia muito tempo que Frankl estava certo. Ela também já havia concluído que não devemos comparar o sofrimento de uma pessoa ou de outra.

A intenção do seu grande professor obviamente não era depreciar o sofrimento dos sobreviventes dos campos de concentração, uma vez que ele mesmo fora um deles. Seu ponto era justamente enfatizar que somente cada pessoa é capaz de avaliar seu próprio sofrimento. Sabemos que o mundo está cheio de pessoas enfrentando o sofrimento não apenas nos horrores das zonas de guerra e terror, ou nas regiões de fome e pobreza, mas também nas catástrofes inevitáveis e nos golpes do destino que podem atingir qualquer pessoa a qualquer momento. Além disso, o sofrimento pode estar presente até nos "pequenos" aborrecimentos e decepções que envenenam o dia a dia de alguém. Ninguém pode evitar o sofrimento. Nem todos o superam da mesma forma e no mesmo tempo. É por isso que, para além da empatia, que seria uma atitude mais passiva, que se expressa na capacidade de compreender a situação do outro, o sofrimento exige de nós compaixão, que é o ato de compartilhar, dividir o peso, reflexo do desejo de diminuir o sofrimento do outro. Enquanto a empatia diz "eu compreendo", a compaixão dirá "estou aqui ao seu lado para dividir essa dor".

Voltando ao aspecto da decepção mencionado por Frankl: ela tem a ver com a vivência de um sofrimento inimaginável, "um ponto de infelicidade que não se esperava atingir". Para exemplificar, ele fala da expectativa do retorno ao lar dos prisioneiros dos campos, e da decepção de, na chegada, constatarem que "quem abre a porta não é a pessoa que deveria abri-la – ela jamais voltará a lhe abrir a porta [...]".[7] Dentro das condições mais extremas, uma das conclusões às quais Frankl chegou e que mais podem nos ajudar a passar pelo sofrimento, ou na tentativa de ajudar alguém que sofre, se apresenta na seguinte frase: "Ora, numa situação anormal, uma reação anormal simplesmente é a conduta normal".[8]

Isso reflete um tipo de aceitação incondicional do sofrimento e dos seus efeitos. Elimina as tendências autorrecriminatórias e de culpa que potencializam o quadro de angústia, ajuda a pessoa no processo de superação na medida em que a autoriza a lidar com o peso dos altos e baixos, sem acrescentar a eles a obrigação de manter o equilíbrio em uma situação na qual isso é impossível.

Isso é importante em especial em tempos nos quais somos expostos a recortes de felicidade constantes nas redes sociais, que insistentemente tentam nos convencer de que todos estão felizes, menos nós, e acabam reforçando a ideia de que "todas as pessoas deveriam ser felizes, e que infelicidade é sintoma de desajuste".[9] Uma forma de pensar que acaba acrescentando a tristeza, a culpa e a vergonha por ser infeliz.

A tomada de consciência de que sofrer é uma condição humana e que, da mesma forma, o desequilíbrio emocional faz parte do processo de superação é um antídoto para o efeito devastador que um potencial sentimento de culpa pelo sofrimento e pela dificuldade em superá-lo pode trazer.

Mas, além desse primeiro passo de aceitação, a grande contribuição da Logoterapia está na perspectiva de superação, na ideia de que, mesmo em meio ao sofrimento, é possível encontrar um sentido para a vida, e que, mais do que isso, encontrar um sentido em meio ao sofrimento é o grande segredo dessa transformação.

Um sentido em meio ao sofrimento

A grande contribuição da Logoterapia no que diz respeito ao sofrimento reside justamente neste ponto: na possibilidade de um sentido, mesmo em meio a ele. A fim de apresentar sua argumentação sobre o tema, Frankl recorre ao filósofo Espinosa: "A emoção que é sofrimento deixa de ser sofrimento no momento em que dela formarmos uma ideia clara e nítida".[10]

Outra frase que reflete o mesmo conceito e que Frankl tomou como base para o seu pensamento foi escrita por Nietzsche: "Quem tem por que viver aguenta quase qualquer como".[11]

Em ambos os casos, a ideia central é a mesma: a descoberta de um sentido é a chave para a superação. Nas palavras de Frankl: "O sofrimento, de certo modo, deixa de ser sofrimento no instante em que encontra um sentido, como o sentido de um sacrifício".[12]

Nomeei essa transformação proposta por Frankl de "alquimia do sentido". Consiste justamente nesse poder transformador que a descoberta do sentido de uma situação pode trazer até mesmo ao sofrimento que a situação em si traz junto consigo. Essa possibilidade está em aberto em diferentes situações, desde as mais triviais até as mais difíceis.

> Podemos encontrar o sentido também quando nos encontramos com uma situação sem esperança, quando enfrentamos uma fatalidade que não pode ser mudada. É importante dar testemunho do potencial especificamente humano no que ele tem de mais elevado que consiste em transformar uma tragédia pessoal num triunfo, em converter nosso sofrimento numa conquista humana.[13]

Se até hoje a alquimia falhou na sua tarefa de transformar objetos comuns em ouro e metais preciosos, a alquimia do sentido tem se mostrado eficiente em uma possibilidade de mudança ainda maior. Ela tem a capacidade de transformar uma tragédia em um triunfo, um sofrimento em uma conquista.

Em uma comparação mais simples, podemos pensar nos "pequenos sofrimentos" frequentes, pertencentes àquilo que consideramos uma "vida normal". Acordar cedo, trabalhar a maior parte do seu dia para poder prover aos seus, estudar por horas a fio para passar em um vestibular, um concurso ou se formar, gastar tempo no trânsito, suportar um chefe inconveniente, dedicar-se à maternidade ou à paternidade. Em todas essas atividades corriqueiras, existe um certo nível de sofrimento. O que nos leva a não abrir mão delas, mas, pelo contrário, procurar fazer nosso melhor e nos entregarmos a elas?

O segredo disso é justamente o sentido por trás de cada uma dessas situações. Enquanto esse significado for visível e permanecer claro diante de nós, teremos uma fonte inesgotável de razões para continuar, da qual nos alimentaremos dia após dia. No entanto, em cada uma das situações descritas anteriormente, existe algo a se fazer. A pessoa ainda tem condições de agir de maneira concreta e até mesmo transformá-las. Mas e nos casos nos quais não há nada a se fazer diante do sofrimento?

O ponto é que a mesma lógica pode ser aplicada às situações extremas da vida. Quando já não é mais possível encontrar um sentido nos valores de criação ou de experiência, a própria forma como a pessoa encara o sofrimento, a atitude que tem diante de si pode ser uma fonte de sentido. "É por essa razão que a vida nunca cessa de abrigar um sentido, já que até mesmo uma pessoa que se encontra privada de valores de criação ou de experiência é, ainda, desafiada por um sentido a preencher, isto é, pelo sentido inerente a um modo reto e digno de vivenciar o próprio sofrimento."[14]

Mais do que uma possibilidade que continua a existir, para Frankl é justamente nesses casos que se apresenta a experiência mais nobre do sentido. Esta:

> Reserva-se às pessoas que, privadas da possibilidade do trabalho ou do amor, escolhem livremente uma atitude afirmativa da vida, erguendo-se por sobre si mesmas e crescendo para além de si. O que importa, nesse caso, é a postura que

decide ter, a atitude que permite, heroicamente, transformar a miséria de um sofrimento inevitável numa conquista, num triunfo.[15]

Ainda que todos nós tenhamos que enfrentar a dor, a culpa e a morte, sofrimentos comuns a toda a humanidade, nessas situações extremas levamos em conta um nível de sofrimento que a grande maioria das pessoas não irá experimentar. Estamos falando dos mártires, das vítimas do Holocausto, da escravidão, das perseguições políticas e religiosas, dos oprimidos. Situações extremas que, embora não tenham chegado a todos, atingiram e atingem ainda hoje bilhões de pessoas. Mesmo nesses casos, por mais absurdo que possa parecer, o sofrimento pode ser vivenciado com sentido. Na medida em que a pessoa é capaz de aceitar o desafio de sofrer com bravura, a vida recebe um sentido derradeiro até seu último instante, conservando-o literalmente até o fim.

Essas afirmações de maneira alguma significam desprezo pelo sofrimento alheio ou uma ingenuidade com relação ao potencial destrutivo e hediondo dos sofrimentos que o homem é capaz de infligir aos seus semelhantes. A ideia central de Frankl não tem a ver com menosprezar o sofrimento, mas sim reconhecer que o ser humano possui essa incrível capacidade que permite a ele, em última instância, quando nada mais é possível, "vivenciar o próprio sofrimento de modo reto e digno".[16]

Certa ocasião, Frankl descreveu o sentido como uma saída para o desespero. Esse, por sua vez, só pode se instaurar e tomar conta da pessoa não quando o sofrimento chega, mas quando a pessoa se vê incapaz de encontrar qualquer sentido em meio a ele. Assim, Frankl escreveu a seguinte fórmula:

D (Desespero) = S (Sofrimento) – s (sentido)

Homo patiens

Em última instância, se o sentido é possível mesmo em meio ao sofrimento, e se a descoberta desse sentido pode ser a alavanca de Arquimedes que move a pessoa para além do infortúnio, isso só é possível por causa da constituição antropológica humana.

Aos animais, por exemplo, é vedada essa possibilidade, pois não lhes é atribuída a dimensão espiritual – dimensão essa na qual reside a possibilidade de configurar a vida com um sentido. É graças a essa característica que Frankl considera o ser humano um *Homo patiens* em potencial: "Frente a frente com o abismo, contempla o homem o fundo e o que lhe é dado ver é a estrutura trágica da vida. O que lhe é revelado é que a existência humana, no que tem de mais profunda, é a paixão, a essência do homem é um ser sofredor – *Homo patiens*".[17]

Na Logoterapia, o *Homo patiens* é a pessoa que sofre, que sabe sofrer e sabe como transformar seus sofrimentos em uma conquista.[18] Esse é um potencial específico do humano, que consiste justamente nessa capacidade de transformação, uma vez que: "Quando já não somos capazes de mudar uma situação, somos desafiados a mudar a nós próprios".[19]

Otimismo trágico

Dentro de sua perspectiva de superação do sofrimento, um recurso útil apresentado por Frankl foi chamado de Otimismo Trágico. Em resumo, significa o esforço em permanecer otimista apesar da tríade trágica da existência. Trata-se exatamente daquilo que o nome do conceito traduz: uma posição otimista diante da tragédia. Isso só é possível mediante o potencial humano que, nos seus melhores aspectos, sempre permite:

› transformar o sofrimento numa conquista e numa realização humana;
› retirar da culpa a oportunidade de mudar a si mesmo para melhor;
› fazer da transitoriedade da vida um incentivo para realizar ações responsáveis.[20]

Nesse contexto, Frankl apresenta o humor como característica distintiva, uma capacidade unicamente humana, que permite ao homem distanciar-se não somente de uma situação, mas também de si mesmo, e, assim, conseguir tomar uma posição diante dos seus condicionantes biológicos e psicológicos:[21] "A vontade de humor se expressa em uma tentativa de enxergar as coisas numa perspectiva engraçada, o que, por sua vez, é um truque útil para a arte de viver".[22]

Assim, o "otimismo trágico" é possível na medida em que, mesmo em meio à tragédia, podemos enxergar nos contrastes da existência razões para sorrir. Impressiona o fato de que até nos campos de concentração essa característica humana se manifestava, como nas apresentações teatrais que os prisioneiros organizavam ou em situações do cotidiano que Frankl descreve, por exemplo, quando eram capazes de rir e se alegrar por parar de trabalhar, mesmo que o motivo para isso fosse um bombardeio aliado, ou quando assumiu o compromisso com um amigo de inventar uma piada por dia. Ao mesmo tempo que foi uma estratégia de enfrentamento, o bom humor era um traço reconhecido da personalidade de Frankl, conhecido como alguém que gostava de fazer imitações e contar piadas, chegando a ter um caderno para registrá-las a fim de não se esquecer de nenhuma.

Metabolizar o sofrimento

Uma vez passada a situação ou evento traumático, como vimos antes, os ecos do sofrimento não desaparecem instantaneamente. Tal qual os sinos de uma catedral, suas vibrações dobram para além do encontro dos metais, ecoando ainda por algum tempo: "Passam-se dias, muitos dias, até que se solte não somente a língua, mas também algo dentro da gente".[23] Diante desses efeitos prolongados do sofrimento, resta a pergunta: o que fazer?

Uma vez passadas as razões do seu sofrer, resta à pessoa aceitar os ecos desse momento numa forma de luto. Depois de suportado, o sofrimento precisa ser metabolizado, processado emocionalmente. Somente então será também superado.

A comparação pertinente feita por Frankl é com o mergulhador. Superando seus limites, o homem pode descer a profundidades que superam trezentos metros, onde a escuridão predomina e a pressão da água sobre o corpo pode ser equivalente a mais de quarenta toneladas. Ao findar um mergulho, por mais incômoda que seja a situação na qual está, o mergulhador não pode simplesmente subir à superfície rapidamente, do contrário, acabará morrendo. A volta à superfície precisa acontecer gradualmente para que o organismo se acostume mais uma vez a uma condição "sem pressão". O mergulhador egípcio Ahmed Gamal Gabr, recordista mundial que alcançou 332,35 metros de profundidade em alto-mar, é um exemplo disso. Enquanto sua descida levou cerca de quinze minutos, ele precisou de treze horas para retornar à superfície.[24]

Assim acontece também com o sofrimento. Ele pode chegar a nós de maneira repentina e abrupta, porém a superação irá acontecer gradualmente – até que "de repente o sentimento abre uma brecha naquela estranha barreira repressiva que o recalcara".[25] Quando isso acontece, é sinal de que a ferida está cicatrizando. Não adianta querer apressar esse momento, mas também não devemos, em hipótese alguma, retardá-lo intencionalmente. O exemplo do processo da cicatrização de um ferimento é útil para ilustrarmos esse fato.

Todos nós sabemos o que é a dor de um machucado. Quando nos ferimos, seja com um corte ou um arranhão profundo, desses que todos nós já tivemos em algum momento da infância, nossa primeira reação é de dor provocada pela lesão, associada ao horror pela aparência da ferida, em especial quando há sangue e surge o pavor de que os cuidados sejam ainda mais doloridos do que o machucado. Alguns leitores vão se lembrar da angústia despertada pela ardência do famigerado mertiolate, cuja espátula tocando a pele machucada produzia uma sensação mais dolorida do que o arranhão em si.

Lembranças dolorosas de uma infância bem vivida à parte, o fato é que depois de alguns dias as feridas começam a cicatrizar. Continuam doendo por algum tempo, mas, conforme o organismo se regenera, a dor também diminui. Até que um dia praticamente não sentimos mais os efeitos daquela dor. No caso das fraturas, pode ser que, em dias muito frios, um leve latejar nos lembre que um dia aquele ponto já foi motivo de uma dor profunda. Mas, de maneira geral, a única coisa que permanece é uma cicatriz. Uma lembrança de que um dia aquele local já foi ferido, mas que não causa mais dor. Não se trata de uma espécie de amnésia seletiva ou da negação do sofrimento, mas sim de um processo de superação, coroado com a sensação de que, a partir de um determinado momento, o sofrimento se transformou em uma lembrança. "Mas naquele dia, naquela hora, começou tua nova vida – isto sabes. E é passo a passo, não de outro modo, que entras nesta nova vida, tornas a ser homem."[26]

Uma vez que o sofrimento fica para trás, é passo a passo que entramos em um novo momento da existência. A noite escura da alma uma hora chega ao fim, mas assim como o alvorecer é um processo gradual, no qual pouco a pouco as luzes da manhã tomam o lugar das trevas da noite, a recuperação de um trauma também o será. Pouco a pouco superamos aquela situação que nos feriu. A lentidão desse processo por vezes nos desanima e nos leva a pensar que nada está acontecendo, mas é nessa hora que precisamos manter nosso foco nas possibilidades de sentido que a vida ainda nos apresenta, nos apegar a elas e ter a certeza de que a cura emocional está em curso.

A superação e a dimensão do tempo

É justamente por essa razão que o nosso ajustamento à dimensão temporal é uma das coisas que mais contribuem para encontrarmos um sentido em meio ao sofrimento. Diante das considerações de Frankl, passado e futuro são nossos aliados nesse processo, invalidando o clichê tantas vezes repetido pelos supostos gurus modernos das redes sociais: "A ansiedade é excesso de futuro e a depressão é excesso de passado".

Ao contrário: em vez de classificar a observação e o foco no passado ou no futuro como instâncias patológicas, Frankl as apresenta como refúgios em tempos difíceis, verdadeiros recursos psicológicos que podem nos ajudar a encontrar equilíbrio e força mental para enfrentar situações desafiadoras e superar o sofrimento. A capacidade de nos conectarmos com o passado e o futuro é vista como um recurso útil, nos fortalece para encarar um presente desafiador e não pode ser considerada de forma pejorativa e menos ainda patológica. Isso não significa ignorar o presente, mas encará-lo, sem ignorar seus desafios, fortalecendo-se pelo efeito dessas duas dimensões existenciais.

Com relação ao olhar para o futuro, Frankl constatou que, nos campos de concentração, quem não conseguia mais acreditar no futuro estava perdido, pois perdia o apoio espiritual e acabava por cair interiormente, tanto física como psiquicamente.[27] Ao orientar-se para o futuro, para um objetivo na vida, a pessoa era fortalecida. A maioria daqueles que sobreviveram tinha em comum um objetivo que estava para além daquela situação, fosse uma pessoa a encontrar ou uma obra a terminar. Sua esperança era sustentada por "um pedaço de futuro".[28] Veja só, não era um projeto de vida completo, eram pedaços de futuro. O próprio Frankl sonhava em reencontrar Tilly; em outras ocasiões, imaginava-se ministrando uma palestra. Conseguia, dessa forma, ainda que por alguns instantes, elevar-se acima daquela situação, e isso o sustentava por um momento.

Todavia, em meio a uma situação desanimadora, é natural que surjam perguntas como: Por que alguém acreditaria no futuro em meio a toda aquela miséria? Por que ainda acreditar no futuro? Sua resposta era que, no que dependia dele, não perderia a esperança, nem desistiria de lutar, pois "ninguém conhece o futuro. Nenhuma pessoa sabe o que talvez lhe ocorrerá dentro de uma hora".[29] A imprevisibilidade do futuro permite a cada um olhar para os próprios dissabores e esperançosamente repetir o famoso refrão de Chico Buarque: "Apesar de você, amanhã há de ser outro dia".[30] Uma vez que o futuro é uma incógnita, cabe à pessoa escolher acreditar que as coisas podem melhorar, ainda que não tenha evidências disso, já que também não há nada que possa garantir que o pior vai acontecer. O amanhã sempre será um mistério.

Uma das situações mais desafiadoras com as quais lidei na condição de psicoterapeuta envolveu um paciente que esmeradamente insistia em refutar a possibilidade de um sentido para a vida. Seu niilismo intelectual, associado a uma depressão, já o havia empurrado para duas tentativas de dar cabo da própria vida. Nas sessões de terapia, era recorrente eu apelar para essa instância do futuro, lutando para trazer à tona a hipótese de que nenhum de nós sabia o que o futuro nos reservava e que valeria a pena continuar vivendo e apegar-se à possibilidade de uma mudança positiva, nem que fosse somente para descobrir se isso aconteceria ou não. Não sabemos o que o futuro nos reserva, logo, precisamos viver e "pagar para ver", pois o destino não está escrito na pedra como uma profecia incondicional. Pelo contrário, ele é escrito a cada dia, a partir das atitudes que tomamos.

Nos momentos difíceis da existência, um olhar voltado para a dimensão futura pode trazer um alento. Em meio às dificuldades, é necessário inundar-se de futuro e manter a esperança de que as coisas não serão assim para sempre e, mais que isso, que podem ser melhores. É preciso cultivar a vontade de futuro.

Se, por um lado, parte dos recursos necessários para a transformação de um sofrimento em uma conquista advém do olhar para o futuro, ao nos refugiarmos no passado também podemos ser fortalecidos. A lembrança dos bons momentos vivenciados antes do infortúnio alimentava o coração de Frankl e de milhões de prisioneiros. Em seu caso, eram as lembranças mais triviais que o sustentavam: a vida cotidiana ao lado dos seus familiares e amigos, andar pela cidade, tomar um café, escalar montanhas. Esses fragmentos de situações felizes compunham a ração diária necessária para levantar o ânimo em condições extremas. Seu presente era miserável, mas ele tinha consciência de que aquela situação não representava o todo da sua vida, apenas um recorte.

O que ficara no passado estava guardado, e nenhuma pessoa ou situação, por piores que fossem, poderiam tirar isso dele. Até mesmo a morte de uma pessoa amada pode tirar de nós sua presença, mas em hipótese alguma nos rouba os momentos felizes vividos juntos, as lições aprendidas e o amor compartilhado. Todas essas coisas ficam armazenadas no que Frankl vai chamar de "celeiros do passado", aos quais podemos recorrer para nos sustentar no presente. Isso porque aquilo que já vivemos não nos pode ser tomado por ninguém, de maneira que, em vez de lamentar pelo que já passou, somos capazes de cultivar o regozijo pelo que foi vivido, pois essas experiências, justamente por pertencerem ao passado, estão "asseguradas para toda a eternidade".[31]

Como fui capaz de suportar?

Na medida em que o processo de superação cumpre seu curso, chega o dia em que nos sentimos mais fortes, que o sofrimento é incorporado à nossa história e que, embora ainda esteja em nossa memória, não nos afeta mais da mesma forma. Chega o dia em que nos perguntamos como fomos capazes de suportar tudo aquilo. Este é um dos fenômenos mais impressionantes descritos por Frankl em seu livro:

> De uma forma ou de outra, para cada um dos libertos chegará o dia em que, contemplando em retrospecto a experiência do campo de concentração, terá uma estranha sensação. Ele mesmo não conseguirá mais entender como foi capaz de suportar tudo aquilo que lhe foi exigido no campo de concentração.[32]

Essa miraculosa capacidade de superação é um dos mais fabulosos atributos humanos. Por mais distante que pareça, é necessário ao ser que sofre cultivar a esperança de que aquela situação irá passar. Uma das imagens mais belas apresentadas no livro *Em busca de sentido* ocorre quando, passado algum tempo da sua libertação, Frankl conclui: "E se houve um dia em sua vida em que a liberdade lhe parecia um lindo sonho, virá também o dia em que toda a experiência sofrida no campo de concentração lhe parecerá um mero pesadelo".[33]

Toda pessoa que já enfrentou situações de intenso sofrimento sabe que há momentos em que a superação parece algo impossível, um mero sonho distante. Chega a hora, no entanto, em que as lembranças daquele trauma se assemelham ao pesadelo que o faz acordar angustiado, com a sensação momentânea de que aquilo é real, mas essa angústia passa alguns instantes depois, quando nos certificamos de que aquilo ficou no passado.

Essa sensação tão comum na vida de todos que já experimentaram o sofrimento traz como bônus a solidificação da resiliência e o fortalecimento da pessoa diante da vida e do futuro. "Essa experiência do libertado, porém, é coroada pelo maravilhoso sentimento de que nada mais precisa temer neste mundo depois de tudo que sofreu – a não ser seu Deus."[34]

Dois pontos importantes

Diante dessa perspectiva, fica clara a posição de Frankl ao apresentar sua teoria como uma "abordagem otimista da vida, ao ensinar que não há nenhum aspecto negativo da existência que não possa ser transmutado em conquistas positivas, em tudo, a depender da atitude que se venha a assumir".[35] Ainda assim, é necessário que dois pontos sejam esclarecidos, na medida em que são fontes de interpretações incorretas comuns que acabam por distorcer o pensamento de Frankl no que diz respeito ao sofrimento humano.

Em primeiro lugar, é importante enfatizar que, embora um sentido para a vida seja apresentado como um valor de sobrevivência, em momento algum ele presume a condição de uma garantia de sobrevivência. Em outras palavras, não basta ter um sentido para que todas as dificuldades e suas consequências sejam automaticamente superadas. Isso fica claro na seguinte afirmação: "Mas sentido e propósito eram apenas uma condição necessária para a sobrevivência, não uma condição suficiente. Milhões morreram apesar de sua visão de sentido e propósito. Sua fé não conseguiu salvar-lhes a vida, mas permitiu-lhes enfrentar a morte de cabeça erguida".[36] É importante que isso fique claro, pois, ainda que o sentido possa prover a pessoa com os recursos necessários para enfrentar e suportar uma determinada situação, nem sempre será o suficiente para transformá-la.

Em segundo lugar, também é importante ressaltar que, apesar de o sofrimento ser inevitável na experiência humana, isso não quer dizer que ele seja necessário para encontrar um sentido, o que seria uma compreensão equivocada do pensamento de Frankl:

> O que quero dizer não é absolutamente que o sofrimento é necessário, mas que o sentido é possível apesar do sofrimento, ou mesmo através do sofrimento, contanto que esse sofrimento seja inevitável, que não possa ser eliminada sua causa, quer biológica, psicológica ou social. Um sofrimento desnecessário redundaria em masoquismo e não em heroísmo.[37]

Sempre que possível, o sofrimento e suas causas devem ser evitados ou eliminados. A Logoterapia, como vimos neste capítulo, apresenta uma resposta justamente para as situações nas quais isso é impossível. No entanto, algumas questões ainda permanecem em aberto: Até que ponto podemos recorrer à dimensão do sentido da vida? Ficamos limitados à nossa condição material e temporal, ou podemos especular sobre um sentido superior? Existe um sentido derradeiro para a existência que vai além daquilo que somos capazes de ver? O próximo capítulo é dedicado a essas questões.

8
O LOGOS É MAIS PROFUNDO DO QUE A LÓGICA

*A fé é o sentido da vida humana, graças ao qual o homem não se destrói, e vive.
A fé é a força da vida. Se o homem vive, ele acredita em alguma coisa.*

Leon Tolstói*

Até agora, pudemos compreender a concepção de sentido da vida na obra de Frankl, assim como sua relação com a superação do sofrimento. É importante enfatizar que, no decorrer da construção da Logoterapia, a preocupação primária sempre foi consolidá-la como uma teoria antropológica e psicológica limitada a essas esferas da natureza humana.

É provável, entretanto, que o leitor mais curioso já tenha conectado alguns pontos e levantado a seguinte questão: Se a possibilidade de um sentido para a vida sempre existe, e se o sentido é algo sempre concreto, único e que se atualiza, o que podemos dizer sobre a possibilidade de um sentido mais amplo? Um sentido da vida como um todo? Essa reflexão também foi uma das ocupações de Frankl.

Como mencionei no Capítulo 4, os anos que se seguiram ao seu retorno a Viena foram marcados por um

---

*TOLSTÓI, Leon. *Uma confissão*. São Paulo: Mundo Cristão, 2017, p. 80.

incrível avanço da Logoterapia e pela produção de muitos livros, o que tornou possível a consolidação da sua obra. E o tema do sentido último, embora fora do escopo da Logoterapia enquanto teoria psicológica pura, não foi deixado de lado. Em 1948, Frankl publicou o livro *Der unbewusste Gott*, que foi traduzido para o português como *A presença ignorada de Deus*. Essa obra representou a investida de Frankl em outro campo, a filosofia, e garantiu a ele um doutorado na área. É nesse texto, que posteriormente se tornou seu livro mais vezes revisto e aperfeiçoado,[1] que Frankl encara esse tema.

Pelo fato de falar sobre uma dimensão espiritual do ser humano, muitos acabam tomando esse termo proposto por Frankl como sinônimo da instância da religiosidade, do transcendente. Retomando o Capítulo 6, é fundamental esclarecer que aquilo que Frankl chama de "espiritual" não é um correspondente imediato desses âmbitos, mas que, quando essas instâncias se apresentam na experiência humana, isso se deve à dimensão espiritual. Assim, "espiritual" não deve ser tomado como equivalente a "transcendente", mas compreendemos que é por causa da dimensão espiritual que existe a possibilidade de se pensar e especular sobre o transcendente.

Sempre houve uma preocupação muito grande da parte de Frankl ao tocar nesses temas. Uma história contada por ele serve para ilustrar um pouco essa preocupação. Mesmo tendo dois doutorados, em medicina e filosofia, Frankl relata que, entre seus colegas de Viena, sempre evitava citar esse fato. Com o bom humor que lhe era característico, diz que fazia isso porque sabia que, diante dessa informação, em vez de considerá-lo um "duplo doutor", o considerariam apenas "meio-médico".[2] De fato, na época, um cientista que ousasse adentrar no campo da especulação sobre o transcendente corria sério risco de cair em descrédito. Essa era uma das razões que o levavam a ser muito cauteloso ao falar do assunto.

Além disso, havia uma preocupação da parte de Frankl com o fato de que, se suas ideias adentrassem o campo da espiritualidade humana, a Logoterapia acabasse rotulada como uma teoria religiosa em vez de psicológica. Atualmente, é um consenso entre estudiosos das grandes teorias psicológicas a necessidade de se dar a devida importância à compreensão dos aspectos religiosos da pessoa, bem como às suas iniciativas e vivências ligadas ao transcendente. Nos idos da década de 1930, porém, quando Frankl começou a apresentar suas ideias, a realidade era bem diferente.

A Logoterapia foi uma das primeiras grandes teorias psicológicas a prover em seu arcabouço teórico os recursos para a compreensão da religiosidade dos seus pacientes. Algumas pessoas acabaram por confundir as coisas e, a partir dessa possibilidade, concluíram que a Logoterapia era uma teoria psicológica/religiosa, contrariando seu próprio criador, que via tanto na existência religiosa como na existência não religiosa fenômenos existenciais legítimos e propunha uma postura neutra diante de ambas, respaldada pelos limites éticos da não imposição de valores por parte do médico ou do psicoterapeuta.

Em nenhum registro ou publicação do próprio Frankl se encontra a ideia de que a Logoterapia fosse uma teoria psicológica religiosa, pressupondo a crença na existência do transcendente para validação dos seus conceitos. Pelo contrário, sua visão sobre a dimensão espiritual envolve a espiritualidade como fenômeno humano mais amplo, manifesto tanto naqueles que acreditam como nos que rechaçam a existência de uma realidade metafísica. Por isso também ele falava pouco sobre a sua religiosidade pessoal. Embora seja possível encontrar aqui e acolá alguma referência em que toque no tema, esse não é um assunto ao qual ele dedique uma porção significativa da sua obra.

Essa, aliás, é uma curiosidade que muitos têm. Quando procuramos nos livros, não encontramos muito a respeito disso. Até eu, particularmente, mesmo depois de ter compreendido o lugar do fenômeno religioso na teoria, tinha essa curiosidade. Mas afinal, Frankl manteve suas crenças no decorrer da vida?

A maneira como pude esclarecer essa dúvida é uma história curiosa e que vale a pena ser contada. No Congresso Mundial de Logoterapia de 2018, realizado em Moscou, procurei chegar com certa antecedência para a palestra inaugural. Como se pode imaginar, familiarizar-se com os nomes das estações e aprender a se locomover no metrô de Moscou não é uma tarefa simples. Para evitar imprevistos, saí do hotel bem cedo e acabei chegando muito antes de o evento começar. Sentei-me na primeira fileira do auditório e fiquei aguardando. Algum tempo depois, um simpático senhor sentou-se ao meu lado.

Começamos a conversar. Era um psicólogo israelense. Falamos sobre as expectativas para o evento e outras trivialidades. No decorrer da conversa, ele me contou que já havia inclusive visitado o Brasil. Percebendo que se tratava de alguém com muita experiência e conhecimento, aproveitei para tentar tirar algumas dúvidas sobre a Logoterapia. A primeira delas era justamente essa, sobre a religiosidade pessoal de Frankl.

Sua resposta foi muito além das minhas expectativas. O meu novo colega confirmou que Frankl continuou fiel às suas crenças ao judaísmo até o fim da vida e acrescentou: "Quando ele completou 83 anos, eu o acompanhei ao tempo de Jerusalém para que ele fizesse o seu segundo Bar Mitzvá".

Sem conseguir disfarçar minha reação de surpresa, respondi com outra pergunta: "Então você o conheceu pessoalmente?!".

A resposta foi pronta e carregada de um ar nostálgico: "Sim, nós éramos amigos".

Poucos minutos depois, aquele simpático senhor subiu ao palco para ministrar a palestra de abertura do congresso. Descobri que havia conversado com o dr. David Guttmann, ele também um sobrevivente do Holocausto e figura importante no cenário internacional da Logoterapia.

Essa historieta é útil para ilustrar quanto as questões religiosas de ordem pessoal da vida de Frankl eram um tema que ele preferia manter em particular, a fim de evitar uma confusão inadequada de crenças pessoais com teoria. Recentemente, a publicação de algumas correspondências pessoais de seus arquivos, referentes em especial aos primeiros anos subsequentes ao seu retorno a Viena após a guerra, apresentam com clareza sua posição religiosa, em especial seu apego ao Livro dos Salmos e de Jó, sua tolerância e apreço ao cristianismo, bem como a aceitação que suas primeiras obras tiveram entre esse público em particular. Ao mesmo tempo, apresenta-se com clareza sua preocupação de que sua obra não fosse considerada religiosa.[3]

Não obstante essa reserva no que diz respeito à sua vida particular, em sua obra Frankl não se esquiva de abordar o tema da religiosidade de maneira mais ampla, ousando corajosamente avançar no terreno da metafísica e percorrer o caminho do questionamento do sentido último e da existência de um ser transcendente. No livro *A presença ignorada de Deus*, apresenta suas principais considerações nesse campo. As contribuições de Frankl para o diálogo entre a psicologia e a religião foram reconhecidas como importantes referências e premiadas pela Associação Americana de Psiquiatria e pela Associação de Capelães Profissionais com a outorga do prêmio Oskar Pfister, em 1985.

Ao adentrar um campo insólito do conhecimento, para o qual boa parte dos importantes teóricos da psicologia ofereceram uma contribuição diminuta, a postura de Frankl parte da importância de delimitar claramente cada área. Em sua perspectiva, é preciso que logo de saída se reconheça, no que se refere à natureza de cada um dos campos, uma diferença fundamental, uma vez que, quando se fala na dimensão religiosa, se está falando de uma dimensão mais abrangente e elevada do que a dimensão da psicoterapia. Mais do que isso, o meio de acesso a cada uma delas difere radicalmente. Quando falamos de psicoterapia e psicologia, o meio de acesso é puramente racional, ao passo que o tema da religiosidade não se acessa pelo conhecimento puro, mas depende também de uma instância da fé, da crença no transcendente.[4]

O fato de existir uma diferença epistemológica e ontológica fundamental na base de cada um desses campos não pode implicar uma impossibilidade de estudo e diálogo entre eles. A questão que Frankl traz à tona está ligada, em primeiro lugar, à possibilidade de existência de uma dimensão superior que transcende a lógica racional do mundo material. O fato é que o ser humano, embora não possa provar a existência de uma dimensão ou ordem superior à realidade que vivemos, é capaz de especular sobre ela. O que justificaria essa atitude especulativa? Por que o ser humano recorre com frequência a uma instância superior para tentar explicar o mundo no qual vive?

Em uma leitura do fenômeno religioso na qual propõe uma aproximação deste com os conceitos estabelecidos na Logoterapia, Frankl compara essa característica humana com a vontade de sentido. Assim como o ser humano busca um sentido objetivo para sua vida, reflete também sobre a possibilidade de um sentido universal, um sentido mais amplo, que será chamado de um suprassentido.

Ainda que a Logoterapia seja apresentada como um campo científico, pertencente à psicologia e à psiquiatria e nascido nelas, Frankl considera legítimo que ela se ocupe dessa vontade humana de um sentido último.[5] Por essa ótica, o que tradicionalmente se compreende como "crer em Deus" ou na existência do transcendente nos milhares de manifestações das múltiplas culturas humanas existentes pode ser redefinido como uma crença ou uma fé mais abrangente na existência de um sentido último.[6]

Assim, a possibilidade do sentido último não pode ser negada de antemão a partir daquilo que Frankl chama de "pressupostos apriorísticos ou doutrinações ideológicas".[7] A realidade é que, diante dessa questão, a ciência não pode oferecer uma resposta definitiva. O ponto máximo ao qual podemos chegar a partir dos métodos científicos sobre a questão da existência ou não de Deus, deuses, uma realidade transcendente ou um sentido último universal é: não sabemos, não temos meios para afirmar ou negar tais instâncias. Para que uma tese seja aceita ou rejeitada em termos científicos, é necessário que antes ela seja testada. No que diz respeito a essas instâncias, não existem meios que permitam esse nível de certeza. A ciência é incapaz de afirmar ou de negar a existência do transcendente. A proposição principal de Frankl gira justamente em torno dessa impossibilidade, que deveria ser fonte de uma abertura maior por parte dos cientistas, em especial daqueles provenientes do campo da psiquiatria e da psicologia, em tratar do assunto sem preconceitos ou com base em dogmatismos técnicos.

Se, por um lado, é legítimo que se lance um olhar para esse tema, são muitas as limitações que podem nos impedir de chegar a conclusões mais precisas. Isso acontece porque, embora o ser humano exista no mundo, o mundo não lhe é plenamente acessível. Essa limitação pode ser explicada através de uma analogia pertinente entre o ser humano e os animais.

Muitos animais convivem com os seres humanos, mas sua capacidade de compreensão da realidade humana que os cerca é extremamente limitada. Tomemos o exemplo de um animal que seja utilizado por cientistas como cobaia: "Um macaco é capaz de entender o seu sofrimento com dolorosas injeções que têm a finalidade de produzir um determinado soro? Ele não tem condições de acompanhar o raciocínio do ser humano que o utiliza para experiências".[8]

Podemos usar um exemplo ainda mais simples. Vamos pensar na pessoa que leva o seu animal de estimação ao veterinário. Sabendo que o animal terá de passar por um procedimento doloroso, no qual será picado algumas vezes pelas agulhas de uma injeção que fazem parte de um tratamento importante, o dono do bichinho tenta explicar para ele que aquele procedimento é necessário e que será para o seu bem.

Por mais que uma atitude de cuidado, e uma entonação de voz diferente, possa até trazer alguma sensação de amparo ao animal, ele será incapaz de entender os motivos daquele sofrimento. As explicações são insuficientes porque a dimensão humana, na qual é possível compreender a importância dessa intervenção médica dolorosa, não é acessível para o animal. Está além do seu alcance, da sua capacidade de assimilação. Para o animal, aquelas injeções significam dor, sofrimento e nada mais. Ele é incapaz de compreender.

Mas, embora o sentido seja incognoscível devido à limitação existencial do animal, ele não deixa de existir. Apenas está além do seu alcance, fora da sua capacidade de apreensão por causa de uma barreira ontológica. Logo, partindo desse raciocínio, podemos especular: "Assim como o mundo humano transcende o mundo animal, não seria possível que o mundo humano seja transcendido por uma outra realidade, a qual ele não é capaz de captar, que lhe é inacessível, mas na qual seria possível de compreender o sentido de instâncias como o sofrimento, por exemplo?".⁹ Ou seja, será que não existe um suprassentido, um sentido último que ultrapassa a capacidade humana de captá-lo?

A conclusão à qual se pode chegar a partir desses pressupostos é que, assim como o animal não tem condições de entender o ser humano e seu mundo por meio das suas próprias referências e condições existenciais, da mesma forma o ser humano não teria condições de apreender um supramundo que o circundaria possibilitando entender o transcendente e sua lógica, ou o que muitos denominam Deus e os seus desígnios. Essa dimensão, que estaria além da dimensão humana, "pode ser imaginável ainda que não crível", na medida em que seria inacessível à "razão" ou à inteligência "pura". "Em outras palavras, não é racionalmente compreensível nem intelectualmente palpável."¹⁰

Trocando em miúdos: o fato de, à luz da ciência, não encontrarmos um espaço para a concepção de um sentido último prova que o mundo ou o universo são irrefutavelmente desprovidos de um sentido último e universal? Nesse caso, a ausência de evidências científicas poderia ser automaticamente considerada uma evidência da ausência do transcendente? Ou a conclusão mais lógica seria afirmar que a balança da ciência contemporânea é insuficiente para aferir esse tipo de conhecimento? A resposta apropriada seria que o sentido universal, caso exista, "não se manifesta dentro dos limites da mera ciência natural. O corte transversal efetuado na realidade pela ciência natural não o atinge".[11]

Diferentemente da possibilidade de um sentido para a vida, dentro das nossas limitações existenciais de espaço e temporalidade, em que Frankl apresenta o sentido como algo único, concreto e dinâmico, o sentido último apresenta-se como uma possibilidade, mas, ao mesmo tempo, como algo insondável. Assim, embora capazes de refletir, buscar e encontrar um sentido e um objetivo para a vida, somos limitados na compreensão da possibilidade de um sentido último. Ainda mais se levarmos em conta que, quanto mais amplo for o sentido, menos compreensível será.[12]

Outra analogia por meio da qual Frankl explica esse contraste é através de um filme: o sentido mais objetivo seria como um dos milhares de *frames* que compõem uma película, os milhares de pequenas situações do dia a dia às quais podemos conferir sentido. Em contrapartida, o sentido último, ou suprassentido, seria a compreensão mais ampla à qual chegamos apenas ao assistir ao filme por inteiro, admitindo a chance de que talvez ele seja apresentado apenas na cena final.[13] A essa perspectiva ouso acrescentar: talvez apenas nas cenas pós-crédito.

Isso porque, dentro dos limites da ciência moderna, não podemos incluir ou abarcar uma finalidade ou uma intencionalidade para a existência. A ciência pode, obedecendo a certas limitações, até trazer respostas para as perguntas "De onde viemos?" ou "Para onde vamos?", mas é incapaz de responder por que estamos aqui. Esse fato, porém, não deve excluir a probabilidade de que essa resposta seja encontrada em uma dimensão mais elevada. Assim, negar essa possiblidade "nada tem a ver com empirismo, mas constitui uma filosofia sem reflexão crítica, uma filosofia diletante e antiquada".[14]

Na encruzilhada que surge entre a admissão dessa limitação do pensamento científico e a importância e a legitimidade desses questionamentos, Frankl admite que uma possível resposta virá da atitude de fé e, assim, formula seu próprio "*credo quia absurdum*" (creio porque é absurdo)[15] ao afirmar que "o que é incompreensível não precisa ser inacreditável".[16]

Uma vez que seria impossível descobrir racionalmente se toda a realidade na qual vivemos é destituída de sentido ou se existe um sentido último e secreto por trás de tudo, o que resta ao ser humano seria "uma decisão existencial". Diante das duas possibilidades em aberto, e presumindo que sejam dois pesos colocados sobre uma balança, o peso existencial colocado a favor de uma ou outra alternativa é que irá decidir no final das contas.[17]

Uma das histórias mais curiosas relatadas nos evangelhos é útil para ilustrarmos esse ponto. Tomé, um dos discípulos de Jesus, se nega a acreditar na ressureição do mestre, mesmo diante do testemunho de vários de seus colegas. "Se eu não vir as marcas dos pregos nas suas mãos, não colocar o meu dedo onde estavam os pregos e não puser a minha mão no seu lado, não crerei" (Jo., 20:25).

Uma semana depois, o próprio Cristo aparece diante dele e diz: "Coloque o seu dedo aqui; veja as minhas mãos. Estenda a mão e coloque-a no meu lado. Pare de duvidar e creia" (Jo., 20:27). Estupefato com a situação, a reação do discípulo é de assombro, e as palavras que se libertam de seus lábios são: "Senhor meu e Deus meu" (Jo., 20:28). A essas palavras Jesus responde: "Porque me viu, você creu? Bem-aventurados os que não viram e creram" (Jo., 20:29).

Uma compreensão dessa narrativa à luz dos conceitos já apresentados vai considerar como "bem-aventurado" justamente aquele que não vê, mas que é capaz, através de uma atitude do ser, de crer. Na perspectiva de Frankl, isso não significa necessariamente crer em Deus (embora essa alternativa também seja possível), mas crer na possibilidade de um sentido último – isto é, admitir que a nossa vida não surge apenas como mera aleatoriedade do universo ou joguete do cosmos, mas que pode ser projetada em um plano superior, misterioso e indecifrável, porém existencialmente concebível e, por consequência, sujeito a um sentido para além daqueles que já somos capazes de identificar no cotidiano. Um sentido último e universal, que justificaria espontaneamente a necessidade de dignificar a vida, suas possibilidades, as pessoas e o mundo ao nosso redor.

Essa é uma atitude que assim se traduz: "Assim seja, faço a opção por agir 'como se' a vida tivesse um sentido infinito, além de nossa capacidade finita de compreensão, enfim, um 'suprassentido'". E com isso acaba se cristalizando uma verdadeira definição: "A fé não é uma maneira de pensar da qual se subtraiu a realidade, mas uma maneira de pensar à qual se acrescentou a existencialidade do pensador".[18]

Como essas considerações impactam um olhar sobre as religiões e suas práticas? Será que, a partir delas, podemos supor que seria natural a conclusão de que nas religiões, da maneira como se configuraram e se apresentam ao homem, encontramos, então, as melhores alternativas para a compreensão desse sentido último? A partir dessas possibilidades, podemos afirmar que Frankl se posiciona ao lado dos pressupostos ortodoxos das religiões?

Ao contrário do que se possa imaginar, a consequência dessas conclusões é um olhar sobre as religiões na contramão de uma visão dogmática. Sua perspectiva se apresenta longe das ortodoxias, assim como suas posturas, caracterizando-se como predominantemente ecumênicas e liberais. Sua posição em relação às formas mais tradicionais de religião era, de maneira geral, crítica, embora suas atitudes sempre tenham sido marcadas pelo respeito às diferentes crenças e à promoção do diálogo, o que lhe valeu a admiração e o respeito de figuras religiosas importantes do seu tempo, como o rabino Menachem Mendel Schneerson e o papa Paulo VI.

Fosse ministrando aulas, palestras ou atendendo a convites de instituições religiosas, Frankl sempre deixava bem clara sua posição sobre o tema, a começar pelo que chama de "estreiteza confessional" e sua principal consequência, a miopia religiosa, ou seja, a tentativa de definir Deus ou o Sagrado de uma única forma, como um ser que "basicamente só pretende uma coisa: que o maior número possível de pessoas creia nele e ainda bem do jeito prescrito por uma denominação determinada".[19] Em sua perspectiva, conceber um Deus tão mesquinho é algo simplesmente inimaginável.

Além disso, em sua ótica, essa tentativa de padronização da vida religiosa por parte das instituições acabava por ignorar a natureza singular desse tipo de experiência, resultando em um empreendimento de manipulação da fé. Vende-se a ideia de que basta seguir determinado credo que tudo dará certo, mas, de maneira objetiva, deixa-se de lado a premissa de que a fé, assim como o amor, não pode ser forçada: "Não posso imaginar que faça sentido uma igreja exigir de mim que eu tenha fé. Não posso querer ter fé, da mesma forma que não posso me obrigar a amar, ou a ter esperança contra a minha própria convicção".[20] A fé verdadeira só poderá surgir diante de um "conteúdo e objeto adequados".[21]

Em uma entrevista concedia à revista *Time*,[22] lhe perguntaram se pensava que as religiões tradicionais tendiam a acabar. Na época – meados dos anos 1960 –, o questionamento sobre o eventual futuro das religiões era um tópico bem comum. A própria revista *Time* havia feito uma famosa reportagem de capa em 1966, intitulada "Is God dead?" ("Deus está morto?"), na qual apresentava a questão da descrença emergente na sociedade ocidental.

Ao responder à pergunta, Frankl disse que não via as religiões de maneira geral como próximas de um fim, mas que identificava uma tendência de afastamento das pessoas em relação às "religiões que parecem não ter outra coisa que fazer senão combater-se mutuamente e fazer proselitismo uma na outra".[23] Diante desse cenário, entendia que, se as religiões quisessem de fato convencer as pessoas sobre os seus ensinamentos, mais do que se preocuparem com as batalhas apologéticas, deveriam procurar viver genuinamente seus princípios: "Se quisermos fazer com que alguém acredite em Deus, é preciso torná-lo 'crível' [believable] e, sobretudo, é necessário que nós próprios sejamos 'dignos de crédito' [credible]".[24]

A essência dessas considerações é mais atual do que nunca. Basta olharmos para o que tem acontecido no seio do cristianismo contemporâneo. O discurso institucional de muitos cristãos torna-se progressivamente vazio, conforme suas preocupações passam a ser cada vez mais determinadas por pautas conservadoras de usos e costumes e alinhadas a projetos de domínio político do que com a essência da mensagem de amor ao próximo ensinada pelo próprio Cristo. Por mais contraditório que possa parecer, vemos uma parcela significativa de Igrejas cristãs defendendo ideologias totalitárias, negacionistas, armamentistas, a favor da pena de morte, homofóbicas e misóginas. Sacerdotes, padres e pastores que se posicionam contrariamente a essas convenções acabam silenciados ou "cancelados".

Contrariando a essência da própria palavra "evangelho", que originalmente significa "boas-novas", essa face reacionária tem desencadeado um processo de afastamento, em especial entre as gerações mais jovens, das religiões cristãs tradicionais, confirmando uma tendência prevista por Frankl nessa mesma entrevista para a revista *Time*, segundo a qual, no futuro, as pessoas caminhariam para "uma religiosidade pessoal, profundamente personalizada, uma religiosidade a partir da qual cada um encontrará sua linguagem muitíssimo pessoal, sua linguagem própria, mais originalmente sua, ao voltar-se para Deus".[25]

A figura do "sem religião" ou do "desigrejado" é crescente em especial nas sociedades industrializadas e nas grandes cidades. Em uma pesquisa feita em São Paulo, em 2022, no recorte de faixa etária dos 16 aos 24 anos, o número de jovens que se autodefine como "sem religião" já superou o de católicos e evangélicos.[26] Isso não é necessariamente sinônimo de ateísmo ou rejeição à crença no transcendente, mas faz parte da tendência cada vez mais comum de que as pessoas se identifiquem como "espiritualizadas", mas não religiosas. Na prática, isso significa que encaram a espiritualidade como parte importante de sua maneira de viver e entender o mundo, mas que essa vivência não precisa ser condicionada aos limites das religiões tradicionais. A espiritualidade é vista como um fenômeno que transcende às religiões formais.

Outro fato curioso é o surgimento de uma nova forma de ateísmo que não exclui a espiritualidade. Alain de Botton vai chamar essa tendência de ateísmo 2.0. Trata-se de uma perspectiva na qual o fato de não crer em Deus ou em uma ordem metafísica superior não impede a pessoa de experimentar os fenômenos tradicionalmente associados às religiões. Mais uma vez, esse direcionamento contemporâneo encontra respaldo na leitura proposta por Frankl de que essa diversidade nas manifestações das experiências espirituais se apresentaria como fenômeno cada vez mais presente.

Ao comparar as diferentes formas de expressão espirituais e religiosas com os diferentes idiomas, Frankl conclui que: "ninguém pode dizer que a sua língua seja superior às outras". Em qualquer língua pode-se falar a verdade ou mentir. Dessa forma, o ser humano "também por meio de qualquer religião [...] pode encontrar Deus".[27]

Religiões e símbolos

As religiões, em última instância, seriam símbolos. Assim como uma criança, ao desenhar, acaba por fazer nuvens para que fique claro que está desenhando o céu, o ser humano "tenta simbolizar o divino com o auxílio de algo que não o é, pois os atributos divinos são e continuam sendo apenas características humanas".[28]

Reconhecendo essas limitações existentes em qualquer tentativa humana de se aproximar da ideia do sagrado, aliadas à singularidade de cada experiência de natureza espiritual/religiosa, Frankl dirá que a essência da existência espiritual foi mais bem representada na estrutura dialógica proposta por Martin Buber na relação eu-tu que culmina na prece. Por sua vez, na prece "não existe apenas uma fala interpessoal, mas também intrapessoal, ou seja, o diálogo interno, o diálogo dentro de nós".[29]

Assim, repetidas vezes em sua obra, Frankl retoma uma definição que elaborou aos 15 anos e que passou a chamar de Definição Operacional de Deus, expressa na seguinte sentença: "Deus é o parceiro dos nossos mais íntimos diálogos conosco mesmos".[30] Ao explicar tal definição, diz que, "na prática, isso significa que sempre que estivermos totalmente a sós conosco, quando estivermos dialogando conosco na derradeira solidão e honestidade, é legítimo denominar o parceiro desses solilóquios de Deus, independentemente de nos considerarmos ateístas ou crentes em Deus. Essa diferenciação torna-se irrelevante dentro dessa definição operacional".[31]

Essa definição é "anterior à bifurcação entre uma cosmovisão teísta ou ateísta".[32] Engloba, ao mesmo tempo, até o agnosticismo e o ateísmo, considerando a religião como um fenômeno humano alicerçado no "mais humano de todos os fenômenos humanos, que é a vontade de sentido".[33]

Certamente Frankl não foi o primeiro a apresentar a possibilidade de um olhar positivo para a religiosidade, uma postura impopular em seus dias, quando a tendência predominante era compreender esse fenômeno como uma condição de alienação, imaturidade psicológica ou até mesmo uma forma de psicopatologia. Pioneiros como Oskar Pfister, Theodore Flournoy e Carl Gustav Jung já haviam aberto caminho nesse campo e começado a chamar a atenção para a importância da compreensão e do estudo das vivências espirituais e religiosas da pessoa.

Seguindo nessa direção, ao propor e procurar compreender tais vivências como possíveis fontes de sentido, Frankl ajudou a mudar o olhar da psicologia sobre o tema. Além disso, antecipou uma tendência contemporânea ao propor que a dimensão espiritual do ser não depende necessariamente de crer ou não no transcendente, manifestando-se sob outros contornos, até mesmo na pessoa descrente ou não religiosa. Essa busca por um olhar mais abrangente da natureza humana levou Frankl àquela que talvez seja sua maior e menos conhecida contribuição: a proposta de uma psicologia enquanto ferramenta de promoção da paz.

9
UMA APOLOGIA DA PAZ

> *Bem-aventurados os pacificadores.*
> **Jesus Cristo**, *em Mateus 5:9*

Até agora, você teve a oportunidade de conhecer a história e as principais ideias de Frankl sobre a natureza humana, expressas na sua teoria, chamada de Logoterapia. Assim como outros grandes nomes da psicologia, Frankl propôs uma forma peculiar de se compreender o ser humano, como efeitos práticos relacionados às possibilidades de transformações existenciais e superação das adversidades.

No entanto, uma de suas propostas mais singulares, e que leva em conta a aplicação mais ousada das suas ideias, tem a ver justamente com a consolidação do seu pensamento pacifista e a promoção de uma cultura de paz, partindo de suas ideias sobre a natureza humana.

De forma sintética, sua grande contribuição nesse aspecto se apresentou no decorrer do desenvolvimento de sua teoria, na medida em que Frankl ampliou sua ideia central, chegando à compreensão de que a descoberta de um sentido poderia ser útil não somente para o indivíduo, mas também para a humanidade de maneira mais ampla.

Se um sentido para a vida, no nível pessoal, pode garantir à pessoa uma existência mais plena, equilibrada e ser uma fonte sólida de saúde mental e resiliência, o que poderíamos esperar de sentidos compartilhados pelas pessoas? Um casal, uma família, grupo de amigos, uma comunidade ou até mesmo as nações?

Um sentido comum aos povos, segundo Frankl, poderia ser a chave para o entendimento entre os povos e resultar, em última instância, na paz mundial. Ao mesmo tempo, uma postura otimista em relação ao potencial de transformação de cada pessoa poderia ser a chave para a evolução da humanidade. Essas ideias centrais são relevantes nos mais diferentes níveis de coletividade, desde uma família, passando por organizações e instituições, e chegando até mesmo ao nível dos Estados nacionais. A união em torno de sentidos comuns seria a chave para ajudar na promoção do diálogo saudável em meio às diferenças.

O experimento clássico da psicologia social conhecido por "Robbers Cave" é apresentado por Frankl como um exemplo dessa dinâmica. Nele, os psicólogos Muzafer Sherif, Carolyn Sherif e colaboradores levaram 22 meninos de 11 anos de idade para um acampamento em uma localidade chamada Robbers Cave, em Oklahoma.[1]

Os meninos foram divididos em dois grupos de onze. Em um primeiro momento, um grupo não sabia da existência do outro. Nessa fase, aconteceram atividades recreativas dentro de cada grupo e os meninos escolheram um nome para o grupo que foi escrito em suas camisetas e em uma bandeira. Depois disso, um grupo passou a ter contato com o outro e, nessa fase do acampamento-experimento, os pesquisadores promoveram atividades que gerassem conflitos entre os grupos, além de encorajarem a rivalidade, que chegou até um certo nível de agressividade. Após a consolidação do conflito, os pesquisadores passaram a promover atividades coletivas, nas quais era necessária a união de ambos os grupos para a solução dos problemas e desafios que eram apresentados. Depois dessa fase, a união em torno de objetivos em comum foi capaz de restaurar a paz entre os garotos.

Ao comentar esse experimento, Frankl viu nele um exemplo prático da ideia de que a realização de tarefas conjuntas, a dedicação à solução de um problema e a união em torno um sentido comum e de um objetivo que tinham que realizar foram responsáveis pela promoção da paz entre os meninos.[2] Ao ampliar esse conceito, Frankl lança sua pergunta-tese mais ousada: "Não deveríamos nós, no campo da pesquisa da paz, colocar a questão, se também para a humanidade a única chance estaria enfim na realização de uma tarefa comum a todos?".[3]

A proposta de Frankl é que o mesmo princípio potencializador de cura e equilíbrio que um sentido oferece ao indivíduo pode se manifestar nas esferas mais elevadas, de tal forma que a tão sonhada harmonia entre os povos se torne algo ao nosso alcance. A partir dessa perspectiva, a chave para a sobrevivência da espécie humana pode estar ligada à capacidade das pessoas de chegar a um "denominador comum de sentido" e, assim, ao descobrirem um "sentido comum de suas existências", se unirem em torno de uma "vontade comum de sentido".[4]

Essa ideia não consiste na diluição das individualidades no coletivo (isso seria um estado patológico), mas, sem abrir mão delas, encontrar caminhos comuns de sentido nos quais as semelhanças fossem exaltadas em face das diferenças.

Um exemplo de sentido comum que poderia ser compartilhado entre os povos é o cuidado do planeta. Cuidar da nossa casa, zelar por ela e fazer o possível para que seja preservada é uma tarefa que deveria estar muito além das ideologias e das crenças. É algo de interesse comum. A defesa dos direitos humanos é um outro exemplo. Que haja igualdade entre gêneros, liberdade de crença e pensamento e condições estruturais mínimas para uma vida digna. Essas são pautas que devem transcender os sentidos particulares para se apresentar como sentidos comuns para os povos.

Ao evocar essa possibilidade, Frankl leva em conta dois pressupostos recorrentes em sua teoria. Em primeiro lugar, a noção de autotranscendência da existência humana, que parte da premissa de que: "O ser-homem significa ser dirigido no rumo de e subordinado a algo que é mais do que o indivíduo. A existência humana caracteriza-se pelo fato de transcender a si mesma".[5]

Em segundo lugar, ao mesmo tempo que leva em conta essa dimensão da humanidade, Frankl recorre à sua própria vivência nos campos de concentração ao propor a noção de que a busca por um sentido se apresentou naquele contexto como um valor de sobrevivência: "os prisioneiros mais aptos a suportar o cativeiro eram os que tinham algo por esperar, um objetivo no futuro, um sentido a realizar. Isso não deveria ser válido para toda a humanidade e sua sobrevivência?".[6]

Assim, temos no pensamento maduro de Frankl uma articulação de conceitos que nos leva ao entendimento de que a união humana em torno de um sentido comum aos povos é uma rota segura na direção da paz. O caminho para a paz, conforme apontam Aquino e seus colaboradores, além de passar pela união em torno de tarefas e sentidos em comum e da responsabilidade coletiva, depende do cultivo de virtudes que promovem a paz, tais como a responsabilidade, o perdão e a tolerância.[7]

No pensamento de Frankl, como vimos anteriormente, ao lado da liberdade, a responsabilidade faz parte da essência da existência humana. No que diz respeito ao perdão e à tolerância, a postura de Frankl diante de seus algozes nazistas é um dos grandes exemplos a serem observados. Apesar de ter perdido sua família e amigos no projeto de extermínio nazista, repetidas vezes Frankl posicionou-se contra o popular conceito de "culpa coletiva" que se apresentava no pós-guerra. Via na tolerância e no perdão alicerces imprescindíveis para a reconstrução da Áustria no pós-guerra.

> Quanto ao conceito de culpa coletiva, penso pessoalmente que é totalmente injustificado responsabilizar uma pessoa pelo comportamento de outra ou de um grupo de pessoas. Desde o final da Segunda Guerra Mundial, não canso de argumentar publicamente contra o conceito de culpa coletiva.[8]

O círculo vicioso da cultura de guerra só pode ser rompido através da promoção de uma atitude de perdão,[9] uma vez que, segundo Frankl, até mesmo aquele que foi vítima de injustiça não teria o direito de cometer injustiça, e somente assumindo uma postura a favor da paz o ser humano aplacaria o ódio e a agressão. Isso não deve ser confundido com a defesa da ideia de tolerância em relação a sistemas e ideologias nefastos e genocidas, mas implica uma tentativa de diferenciar as pessoas das ideologias, na "separação entre os objetos do ódio e das pessoas em si", abrindo a possibilidade de amar as pessoas, mas odiar os sistemas e ideologias, e revelando, assim, o poder transformador da virtude da tolerância: "odiar alguma coisa é mais significativo do que odiar alguém (o criador ou dono daquilo que eu odeio), porque, se não odeio pessoalmente, posso ajudá-lo a vencer aquilo que nele odeio. Posso amá-lo, apesar daquilo que nele odeio".[10]

A corajosa proposta da tolerância enquanto instrumento de promoção da paz, que possibilita amar alguém apesar daquilo que nele se odeia, me fez lembrar de uma situação que presenciei quando ainda era aluno de pós-graduação e me deparei com uma frase pichada em letras garrafais em uma parede no Instituto de Psicologia. A frase dizia:

"Morte aos Reaças"

Em sua essência, a sentença apresentava uma ideia um tanto radical e violenta, pregando a morte dos "reaças", uma abreviação para reacionários, ou seja, aqueles que adotam um pensamento contrário à evolução político-social e refratário às mudanças.

Alguns dias depois, passando pelo mesmo lugar, uma segunda pichação acrescentou algumas letras e vírgulas ao brado radical impresso na parede. A nova frase era:

"**A**mor, te**nham** aos reaças"

**A MOR,TE NHAM
AOS
REAÇAS**

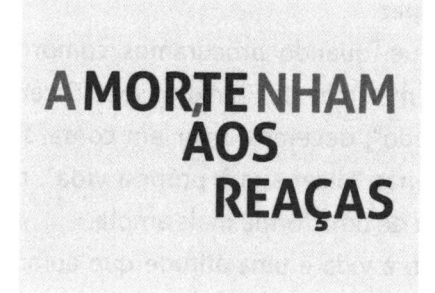

Figura 3

Essa mudança, apresentada na forma de poesia concreta, acaba por ser uma ótima tradução do pensamento de Frankl. O caminho do ódio só produz mais ódio e nunca uma verdadeira transformação. O único resultado concreto da vingança é o prolongar dos efeitos da violência. É o oprimido que se torna opressor e perpetua, dessa maneira, um ciclo destrutivo que se alimenta do ódio. Como frear esse rolo compressor da maldade humana? Para Frankl, a resposta é objetiva: por meio da tolerância, do perdão e da busca por sentidos em comum.

Certamente, esse discurso, dito por alguém que de fato passou pelas piores perdas e agressões, adquire ainda mais força. É comum ouvirmos como resposta ao discurso pacifista e de não violência argumentos do tipo:

"Falar é fácil, queria ver se fosse com você, com alguém da sua família". E, de fato, é cômodo falar sobre paz e perdão quando não somos alvos da opressão e da violência. É por esse exato motivo que a argumentação de Frankl ganha ainda mais relevância, pois estamos falando justamente de um sobrevivente, de alguém que perdeu tudo, mas que, ainda assim, entende que a única saída é uma proposta de paz.

Penso que, quando procuramos compreender uma das grandes máximas de Frankl, o seu "Dizer sim à vida, apesar de tudo", devemos levar em conta que isso não significa apenas "dizer sim à própria vida", mas ao conceito de vida de uma forma mais ampla.

Dizer sim à vida é uma atitude que abrange a minha própria vida, a do planeta, a dos animais e das pessoas ao meu redor, independentemente do quanto me identifico ou não com elas em função das minhas condições existenciais, escolhas, posicionamento político, religião, cultura etc.

Existe uma frase popular que diz: "É fácil amar a humanidade, difícil mesmo é amar o próximo". E faço aqui um pequeno acréscimo: amar o próximo é uma tarefa que pode se tornar exponencialmente mais difícil à medida que aumentam as diferenças entre o eu e o outro. Chul-Han já apontou o fenômeno do "fim da alteridade"[11] como um dos traços marcantes do mundo contemporâneo. Algumas décadas antes, Frankl já havia identificado tal fenômeno como um dos efeitos colaterais do vazio existencial, chegando inclusive a apontar alguns dos estados patológicos comuns de nossos tempos.

A patologia dos tempos e seus efeitos

Esse é um dos aspectos marcantes do diagnóstico que Frankl faz sobre a condição humana na contemporaneidade. Adentrando em um campo um pouco mais técnico, encontramos uma proposta peculiar que se acomoda dentro de uma classificação psicopatológica própria e mais ampla.

Entre as diferentes categorias descritas por Frankl, vamos nos deter naquela que ajuda a compreender algumas das atitudes comuns em nossos tempos: as chamadas "neuroses coletivas", que "seriam as doenças do Zeitgeist: uma patologia do "espírito da época".[12]

Esses estados patológicos trazem em sua raiz a condição do vazio e da frustração existencial. Um sentimento generalizado de falta de conteúdo e vazio, de que a existência é desprovida de qualquer significado ou objetivo.[13] Embora o vazio e a frustração existencial nem sempre sejam patogênicos ou patológicos,[14] invariavelmente estão associados a determinadas condições, tais como o conformismo (desejar fazer o que os outros fazem) e o totalitarismo (fazer o que os outros querem que a pessoa faça).[15]

O vazio existencial torna-se um fenômeno habitual na medida em que, na configuração da modernidade, o ser humano experimenta duas grandes perdas. A primeira delas é a perda dos instintos como fonte justificável para seus comportamentos. Com o decorrer do processo civilizatório, o comportamento puramente instintivo passa a ser reprimido em função dos códigos de conduta tácitos ou explícitos por meio das leis, de maneira que, para que a vida em sociedade fosse viável, "o ser humano foi perdendo (ou domando, reprimindo) alguns dos instintos básicos que regulam o comportamento do animal e asseguram sua existência". Isso obriga o ser humano a fazer escolhas.[16]

Com a consolidação desse fenômeno, as tradições passam a ser fonte de referência para as atitudes e comportamentos. Quando os instintos são reprimidos, as grandes narrativas dos diferentes povos, de certa forma, assumem seu lugar, dizendo ao ser humano como ele deve agir e justificando o porquê. Nesse contexto, vemos as grandes religiões universais, a cultura e as instituições, como a família e o Estado, repletas de tradições, ocupando um lugar que fornece ao homem segurança e comodidade ao dizer o que ele deve fazer.

No entanto, o mundo contemporâneo, em especial na sociedade ocidental a partir do século 18, foi tomado de questionamentos e conhecimentos que colocaram em xeque, de maneira categórica, as grandes narrativas e instituições que organizaram o mundo até então, de modo que as tradições, que serviram de apoio para o comportamento humano, reduziram-se ou foram depreciadas com grande rapidez. Essa é a segunda perda. O efeito colateral dessa dupla perda é a condição do homem no mundo contemporâneo, onde "nenhum instinto lhe diz o que deve fazer e não há tradição que lhe diga o que ele deveria fazer. E, às vezes, ele não sabe sequer o que deseja fazer".[17]

Máscaras do vazio

Voltando à neurose coletiva, que se desenvolve no solo fértil dessa sensação de vazio existencial, Frankl apresenta a ideia de que as reações mais comuns a esse sentimento são, na verdade, máscaras com as quais procuramos esconder essa condição.

Um exemplo disso está na inflação da vontade de prazer, uma vez que "uma decepção existencial é compensada de maneira vicária por um entorpecimento sexual".[18] Isso nos ajuda a compreender, até certo ponto, a hipersexualização da sociedade contemporânea, na qual a sexualidade passa a ser vivenciada cada vez mais dissociada das vivências emocionais e de encontros humanos. O outro deixa de ser visto como um parceiro com o qual se compartilha uma vivência íntima e passa a ser visto como um objeto, um mero meio de obtenção do prazer. O que importa é o quanto aquela sensação de prazer momentânea pode ser capaz de proporcionar um certo grau de alívio para uma alma vazia. A presença do outro passa a ser um detalhe, e esse outro, apenas um coadjuvante nesse cenário de solidão e angústia. Diante da fugacidade desse momento, a solução é uma busca constante por novos atores que se disponham a interpretar esse papel. Assim, deposita-se na quantidade de parceiros e experiências a esperança de que o vazio existencial será preenchido.

Algo semelhante acontece na fuga para o álcool e as drogas, quando, diante de um autoentorpecimento causado pelas substâncias, a pessoa consegue, mesmo que momentaneamente, superar seu desespero existencial. O efeito desse preenchimento é tão duradouro quanto o da substância. Desaparece subitamente e se mostra incapaz de ocupar o vazio.

A hiperocupação, tão enaltecida em nossos dias, pode ser também uma tentativa de reagir ao vazio por meio de uma falsa sensação de preenchimento, decorrente de uma agenda sempre cheia, na qual não sobra tempo para se pensar na própria condição.[19] Nesses casos, finais de semana ou períodos de férias tornam-se momentos de angústia, pois obrigam a pessoa a se deparar com a "consciência da suposta falta de sentido de sua vida".[20]

Embora essa neurose coletiva contemporânea possa se apresentar com algumas dessas diferentes fantasias anteriormente mencionadas, em termos formais elas acabam se identificando e se definindo através de quatro sintomas.[21]

1. Atitude existencial provisória: o ser humano de hoje está acostumado a viver apenas o dia, sem pensar no amanhã. Ao contrário do que alguns acreditam, essa atitude provisória não tem a ver com o esforço para se aproveitar cada dia, viver com intensidade cada momento ou tentar manter o foco no agora. Essa atitude provisória implica o não reconhecimento do processo de continuidade da existência e das relações de escolhas e consequências. A atitude provisória é em sua essência uma atitude de descaso com o amanhã, que se justifica pela incapacidade de identificar a relevância da existência e leva a uma abdicação da capacidade de fazer escolhas e à negação das eventuais consequências.

2. Atitude fatalista perante a vida: a atitude fatalista representa o conformismo, a inatividade, justificada pela crença de que não se pode fazer nada para mudar a própria vida ou, menos ainda, o mundo a nosso redor. A ideia é que nossas vidas são páginas escritas de antemão, destinos inevitáveis contra os quais seria inútil lutar, logo, nossa única opção seria nos conformarmos.

3. Pensamento coletivista: representa a instância disfuncional segundo a qual o indivíduo torna-se incapaz de captar tanto a essência e o caráter único de sua própria existência como a do outro. Ainda que o discurso mais comum seja o de diferenciar-se da massa, o ser humano, na realidade, "se afunda nela, abre mão de si mesmo como ser livre e responsável".[22] O que importa são as tendências, os padrões, a maneira predominante de pensar, falar, vestir-se e agir. Se, na esfera do exterior, as consequências são menos impactantes, como o surgimento de um padrão de consumo, aparência e entretenimento, quando pensamos na uniformidade e na incapacidade de levar à frente pensamentos, ideologias e valores plurais, o pensamento coletivista acaba por tornar-se uma verdadeira ameaça. É esse tipo de postura que, em última instância, justifica a opressão das minorias e a negação dos direitos ao divergente, servindo de via de acesso à mais perigosa das neuroses coletivas, o fanatismo.

4. Fanatismo: "Se o ser humano de postura coletivista ignora sua própria personalidade, o fanático ignora a personalidade do outro, daquele que pensa diferente. Ele não aceita, para ele vale apenas a própria opinião".[23] Vemos nessa descrição feita por Frankl o retrato comum de boa parte das discussões a que assistimos em especial nas redes sociais. De maneira geral, é raro encontrarmos alguém disposto a ouvir e respeitar um ponto de vista divergente. O mais bizarro nisso é que cada vez mais o fanático procura se esconder por trás do disfarce do libertário para justificar seu "direito ao fanatismo". Frankl explica esse acontecimento a partir de uma compreensão equivocada do conceito de liberdade. Embora a condição humana o permita ser livre para tomar decisões com base nas questões que a própria vida apresenta a cada um, é a ótica da responsabilidade que deve servir como referência para a formulação das respostas que devem ser dadas.

Ao ignorar essa dimensão, o ser humano pode, facilmente, confundir sua liberdade com arbitrariedade.[24] Liberdade é responder às questões da vida levando em conta suas consequências e os limites de nossas ações, tomando como base a liberdade e a dignidade do outro. Arbitrariedade é ignorar tudo isso e agir sempre a partir das nossas próprias referências, ignorando as consequências das nossas ações na vida dos outros que nos cercam.

A responsabilidade é, portanto, o contrapeso que faz da liberdade individual uma virtude e não uma onipotência totalitária, que busca fazer com que todos se curvem aos nossos gostos e interesses, como é o caso comum da defesa daquilo que é chamado por alguns de "liberdade de expressão". Por trás desse bordão, regularmente escondem-se pessoas de natureza autoritária, insensíveis para reconhecer o outro como semelhante e digno dos mesmos direitos, e incapazes de lidar com a frustração de não serem detentores da última palavra nos sem-número de nuances que compõem a natureza das pessoas e do mundo. É assim que o fanático justifica a sua anuência ao discurso de ódio e de opressão do diferente.

Se a incapacidade de encontrar um sentido para a vida pode implicar a degeneração do homem, Frankl faz coro às palavras de Dostoiévski, segundo as quais "o segredo da existência humana está não apenas em viver, mas também em encontrar um sentido para viver". Para o romancista russo, a ausência de uma ideia clara do motivo da existência pode levar o homem a renunciar à própria vida e a destruir a si mesmo.[25]

Da mesma forma, a renúncia à liberdade vai resultar no conformismo de se viver sempre de acordo com as expectativas dos outros, ou no totalitarismo de se desejar curvar à vontade alheia diante da própria. Em contrapartida, através do uso responsável desse atributo humano – a liberdade –, a pessoa pode se tornar capaz de fazer escolhas e configurar o próprio destino, esculpindo seu caráter e personalidade.

Assim, temos uma perspectiva antropológica que contraria certas correntes deterministas e reducionistas da psicologia contemporânea, ampliando o espaço potencial de protagonismo da pessoa no direcionamento de sua vida. O ser humano já não pode mais ser visto como mero vassalo dos próprios instintos, subproduto do meio no qual está inserido ou a resultante dos seus vetores traumáticos, mas sim como um ser que faz escolhas, entre as quais sempre está presente a possibilidade de evolução.

É justamente na possibilidade de mudança que devemos alicerçar as esperanças de um mundo melhor. O reconhecimento da situação difícil pela qual o mundo passa deve alcançar além da dimensão diagnóstica e nos impulsionar para o esforço em transformar a situação. O entendimento do ser humano como um ser capaz de fazer escolhas, transformar sua própria condição e a do contexto no qual está inserido deve nos motivar a esperar sempre o melhor de cada um. Na liberdade humana reside a esperança de um mundo melhor.

> O homem chega a um ponto mais abaixo daquele que poderia atingir, se não for considerado a um nível acima que inclua suas mais altas aspirações. Se quisermos valorizar e empenhar o potencial humano em sua forma mais elevada possível, devemos antes de tudo acreditar que ele existe e que está presente no homem.[26]

Através dessa expectativa positiva em relação ao homem e seu potencial, e do compartilhamento dos sentidos e valores comuns, é que a psicologia se torna uma aliada de um projeto de paz. Diante de tal perspectiva, presume-se que o leitor esteja se perguntando: "Não seria isso apenas um sonho, uma visão utópica da humanidade?".

Quero responder a essa pergunta refletindo um pouco sobre um dos fenômenos mais notórios dos nossos tempos. Nos últimos anos vivemos a revolução da fotografia digital. Bilhões de pessoas passaram a ter acesso na palma de suas mãos a equipamentos fotográficos mais sofisticados do que algumas das melhores câmeras que os profissionais usaram durante todo o século 20.

Como resultado, a fotografia tornou-se um dos *hobbies* preferidos de muitas pessoas. Eu mesmo sou uma delas. Nas horas vagas, férias ou em certos momentos do dia, gosto de fotografar as pessoas e os lugares ao meu redor. Cultivando esse passatempo, uma das lições que aprendi tem a ver justamente com essa capacidade da fotografia de ressaltar a beleza de momentos, lugares e pessoas, beleza essa da qual normalmente não tomamos consciência.

Em especial por meio dos retratos, conseguimos realçar alguns traços belos em cada pessoa – em outras palavras, ver o que de mais bonito existe em cada ser, pela maneira como conseguimos olhar para ele, e registrar através das lentes. Algumas pessoas chegam a ficar surpresas quando veem o resultado e notam pela primeira vez em si mesmas algum traço de beleza que nunca haviam percebido.

Entendo que é isso que Frankl quer dizer quando fala sobre procurar enxergar o potencial, o que ainda não é, mas pode vir a ser, em cada indivíduo, algo que se torna possível não através de lentes e câmeras sofisticadas, mas através do amor. Através do amor "a pessoa se torna capaz de ver os traços característicos e as feições essenciais do ser amado; mais ainda, ela vê o que está potencialmente contido nele, aquilo que ainda não está, mas deveria ser realizado".[27] Esse olhar é transformador na medida em que tem o poder de capacitar "a pessoa amada a realizar essas potencialidades. Conscientizando-a do que ela pode ser e do que deveria vir a ser, aquele que ama faz com que essas potencialidades venham a se realizar".[28]

As guerras, em última instância, ou qualquer ato de violência, por menor que seja, não têm sua origem nas armas ou nos atos de agressão, mas no abrigo mental no qual nascem e se desenvolvem antes de se tornarem atos. Dessa forma, ao amplificarmos esses princípios fundamentais de funcionamento da natureza humana, manifestos na capacidade de amar e na capacidade de compartilharmos sentidos em comum, podemos encontrar soluções mais eficientes na prevenção da barbárie do que através da formação de exércitos e do desenvolvimento de tecnologias militares.

Nosso mundo não precisa de mais armas, mais discursos violentos, mais razões e ideias que nos separem. Se existe algo que de fato pode mudar esse jogo é a disposição de se compartilharem razões e significados para a existência. Fazermos uso da nossa capacidade de amar o próximo e, através desse amor, promovermos a transformação do outro. Nas últimas frases da famosa canção "Imagine", na qual faz o exercício de imaginar como seria um mundo capaz de viver em paz, John Lennon admite: "You may say I'm a dreamer, but i'm not the only one"[29] ("Você pode dizer que sou um sonhador, mas eu não sou o único"). De fato, Lennon não era o único. Frankl, Tolstói, Martin Luther King e milhares de outras pessoas têm se posicionado ao lado dessa "ideia delirante" chamada de "paz".

Esses são aqueles que Frankl irá chamar de "pessoas decentes", e, de fato, ao olharmos ao nosso redor, temos a sensação de que são uma minoria. Isso não deve nos impedir de tomar uma posição, pelo contrário, deve representar para cada pessoa um desafio: o de se juntar à minoria, uma vez que, se "o mundo está numa situação ruim, tudo vai piorar ainda mais se cada um de nós não fizer o melhor que pode".[30]

A paz, no entanto, não é uma instância que se conquista em primeiro lugar nos grandes acordos entre as nações, mas na livre decisão de assumir uma responsabilidade diante daquele que está ao meu lado, no esforço para amar e tolerar primeiramente aqueles com os quais convivo diariamente. A concepção que adoto com relação à natureza humana é de importância fundamental nessa direção. Quando sou capaz de olhar para o meu próximo como um ser digno e livre para fazer escolhas e, assim, transformar sua própria condição, me torno também um agente de transformação do mundo.

O relato de Gênesis nos conta que, após assassinar seu irmão Abel, Caim se encontrou com Deus, que lhe perguntou: "Onde está seu irmão?". Diante da pergunta, respondeu: "Sou eu guardador do meu irmão?".[31] Seu cinismo tem ecoado por milênios na história da humanidade. Mais do que simplesmente um criminoso tentando ocultar seu crime, sua resposta reflete a essência da atitude individualista. A tentativa de se isentar da responsabilidade diante daqueles que sofrem, e das consequências e do impacto das nossas próprias atitudes no mundo e entre as pessoas ao nosso redor, é também causa do sofrimento e das desigualdades que predominam no mundo.

O sábio judeu Hilel é citado repetidas vezes nas obras de Frankl, graças a uma de suas sentenças mais famosas: "Se eu não fizer, quem o fará? Se eu não fizer agora mesmo, quando eu deveria fazê-lo? E, se eu fizer apenas por mim mesmo, o que serei eu?".[32]

A primeira parte – "se eu não fizer…" – lembra-nos da unicidade das oportunidades que a vida coloca diante de nós, assim como a responsabilidade que temos diante delas. A cada momento, existem certas tarefas e possibilidades que são únicas. A segunda parte da sentença – "se não agora, quando?" – reforça o caráter de urgência no apresentar-se à vida para cumprir aquilo que de nós se espera. A fugacidade da vida e das oportunidades que se apresentam exige de nós, em muitos casos, uma resposta pronta, que não pode ser deixada para depois. Por fim, a última parte da sentença – "se eu fizer apenas por mim mesmo, o que serei eu?" – coloca aquele que deve ser o fundamento para cada ação, a consciência da presença do outro e de que não existimos apenas para nós mesmos, de que uma vida bem vivida e repleta de sentido passa necessariamente por aquilo que somos capazes de fazer por aqueles que nos cercam. Ao resumir a essência da Logoterapia, esses três questionamentos, e também suas implicações, são de fundamental importância diante do mundo e dos tempos que nos encaram.

Na premiada HQ *Maus*, Art Spiegelman relata a história do seu pai, um judeu polonês sobrevivente dos campos de concentração. Em uma referência crítica ao discurso nazista, os judeus são desenhados como ratos, enquanto os nazistas, como gatos. Em uma das cenas mais tocantes da história, o narrador, que é o próprio cartunista, tem uma consulta com seu psicólogo, na qual fala sobre as histórias que tem ouvido de seu pai. É nesse momento que o psicólogo coloca uma questão que penso até hoje ser extremamente relevante: "[…] pense em todos os livros escritos sobre o Holocausto. E daí? As pessoas não mudaram... Talvez precisem de um novo Holocausto, maior ainda".[33]

Esse é um dos temas predominantes da crítica de Bauman em *Modernidade e Holocausto*, obra na qual levanta uma observação que merece nossa atenção: o fato de que "o Holocausto nasceu e foi executado na nossa sociedade moderna e racional, em nosso alto estágio de civilização e no auge do desenvolvimento cultural humano, e por essa razão é um problema dessa sociedade, dessa civilização e cultura".[34] Não podemos ignorar esse fato e reduzir essa tragédia a um mero problema de um líder sociopata contra uma população específica. Existe algo na constituição da nossa sociedade que tornou possível o Holocausto.

A triste constatação é que, desde então, a nossa sociedade não mudou muito. Talvez tenha apenas tentado ignorar os fatos e reprimir os sintomas, mas as condições que levaram e permitiram que a Shoah acontecesse ainda estão por aí. Basta olhar ao redor para perceber que ditaduras ainda existem, e seus líderes continuam enviando cidadãos inocentes para lutar suas guerras. A xenofobia e o preconceito ainda estão presentes em muitos países desenvolvidos que, sistematicamente, fecham as portas para uma prosperidade, na maior parte das vezes, conquistada a partir da exploração dos próprios países e dos povos aos quais viram as costas e fecham suas fronteiras. O antissemitismo ainda é uma realidade facilmente identificada no discurso de políticos influentes e grupos neonazistas que se infiltram em múltiplos setores da sociedade, como torcidas de times de futebol, onde entoam seus hinos em voz alta e para quem quiser ouvir. Políticos que pregam o ódio e o extermínio de defensores de ideologias contrárias seguem populares, fazendo de sua plataforma de intolerância uma razão para serem admirados. Numa clara atitude de desrespeito ao terceiro mandamento do decálogo, o nome de Deus é tomado em vão por líderes religiosos que insistem em associá-lo ao de políticos, na tentativa de validar e conferir uma "autoridade divina" aos seus projetos de poder nefastos. Sob o pretexto da defesa da família e dos valores, a discriminação e perseguição violenta das comunidades LGBTQIA+ é justificada e normalizada mundo afora. É popular a postura negacionista de se contrapor aos fatos e ignorar os efeitos destrutivos da ação humana sobre a natureza, além de outras tantas tendências destrutivas e abomináveis que precisam ser mudadas. A lista é longa e se distribui por toda a amplitude dos espectros políticos, ideológicos e religiosos, fazendo da intolerância o único ponto de convergência entre eles. Tais fatos corroboram a tese de Bauman de que os elementos que produziram a maior tragédia do século 20 "podem ainda estar entre nós, à espera de uma oportunidade", e que "se havia algo em nossa ordem social que tornou possível o Holocausto em 1941, não podemos ter certeza de que foi eliminado desde então".[35]

Diante desse cenário e da incapacidade de a sociedade moderna dar conta dessa realidade, uma ciência psicológica que se posicione a favor da vida é fundamental. A Logoterapia, enquanto teoria antropológica e psicológica, atreve-se a propor uma resposta que pode ser proveitosa tanto para o indivíduo como para a sociedade. Ao reafirmar a dignidade humana e propor a possibilidade de um sentido comum, Frankl sonhou com a construção de uma cultura de paz, apesar das tendências contrárias.

Seu exemplo é mais do que nunca necessário em um mundo onde o sofrimento se apresenta diariamente de maneira implacável e onde o ódio e o ressentimento estão na ordem do dia. Suas ideias ecoam e não nos deixam esquecer de que a vida sempre tem um sentido.

NOTAS DE FIM

CAPÍTULO 1 – TRAGÉDIA ANUNCIADA

1. BLAINEY, Geoffrey. *Uma breve história do século XX*. Santa Maria: Fundamento, 2008, p. 12. (Trabalho originalmente publicado em 2005.)

2. *Idem, ibidem*, p. 12.

3. WEINER, Eric. *Onde nascem os gênios*. Rio de Janeiro: Darkside Books, 2016, p. 221.

4. *Idem, ibidem*, p. 253.

5. *Idem, ibidem, loc. cit.*

6. GROWTH of the city – History of Vienna. *City of Vienna*. Disponível em: https://www.wien.gv.at/english/history/overview/growth.html. Acesso em: 12 jan. 2023.

7. BLAINEY, *op. cit.*, 2008, p. 27.

8. PREVIDELLI, Fábio. 539 anos de Martinho Lutero: as polêmicas antissemitas do monge protestante. Aventuras na História, 10 nov. 2022. Disponível em: https://aventurasnahistoria.uol.com.br/noticias/reportagem/o-antissemitismo-de-martinho-lutero-e-a-perseguicao-contra-judeus.phtml. Acesso em: 12 jan. 2023.

9. GORZEWSKI, Andreas. Antissemitismo mancha imagem do reformador Martinho Lutero. DW, 30 maio 2013. Disponível em: https://www.dw.com/pt-br/antissemitismo-mancha-imagem-do-reformador-martinho-lutero/a-16840051. Acesso em: 13 jan. 2023.

10. THE LONG road towards equal rights – History of the Jews in Vienna. *City of Vienna*. Disponível em: https://www.wien.gv.at/english/culture/jewishvienna/history/equal-rights.html. Acesso em: 13 jan. 2023.

11. WEINER, *op. cit.*, 2016, p. 277.

12. WALKER, Andy. 1913: When Hitler, Trotsky, Tito, Freud and Stalin all lived in the same place. BBC News, 18 abr. 2013. Disponível em: https://www.bbc.com/news/magazine-21859771. Acesso em: 13 jan. 2023.

13. BLAINEY, *op. cit.*, 2008, p. 48-50.

14. 100 ANOS: Primeira Guerra Mundial. Estadão, 2014. Disponível em: https://infograficos.estadao.com.br/especiais/100-anos-primeira-guerra-mundial/. Acesso em: 13 jan. 2023.

CAPÍTULO 2 – BENJAMIN

1. FRANKL, Viktor. *O que não está escrito nos meus livros*. São Paulo: É Realizações, 2010b, p. 51.

2. *Idem*. Escritos de juventud, 1923-1942. Barcelona: Herder Editorial, 2007.

3. *Idem, op. cit.*, 2010b, p. 54-55.

4. KLINGBERG Jr., Haddon. *When life calls out to us:* the love and lifework of Viktor and Elly Frankl. Nova York: Doubleday, 2001, p. 84.

5. FRANKL, *op. cit.*, 2010b, p. 72.

6. *Idem, ibidem,* p. 71.
7. *Idem. Escritos de juventud, 1923-1942.* Barcelona: Herder Editorial, 2007, p. 10.
8. *Idem, op. cit.,* 2010b, p. 45.
9. *Idem, ibidem,* p. 103
10. PAREJA HERRERA, G. *El manuscrito de Türkheim.* E-book Kindle.

CAPÍTULO 3 – *EXPERIMENTUM CRUCIS*

1. FRANKL, Viktor. *O que não está escrito nos meus livros.* São Paulo: É Realizações, 2010b, p. 136.
2. PAREJA HERRERA, G. *El manuscrito de Türkheim.* E-book Kindle.
3. BOSI, Ecléa. O campo de Terezin. *Estudos Avançados,* v. 13, n. 37, p. 10, 1999.
4. *Idem, ibidem,* p. 11.
5. *Idem, ibidem,* p. 13.
6. FRANKL, *op. cit.,* 2010b, p. 23.
7. *Idem, ibidem,* p. 20.
8. *Idem. Em busca de sentido*: um psicólogo no campo de concentração. Petrópolis: Vozes, 2008, p. 22-23. (Trabalho originalmente publicado em 1946).
9. *Idem, op. cit.,* 2010b, p. 111.
10. *Idem, op. cit.,* 2008, p. 18.
11. PAREJA HERRERA, G. *El manuscrito de Türkheim.* E-book Kindle, anexo.
12. FRANKL, *op. cit.,* 2008, p. 175.

CAPÍTULO 4 – VIRAR AS COSTAS PARA VIENA?

1. FRANKL, Viktor. *Yes to life*: in spite of everything. Boston: Beacon Press, 2021, p. 11. (Tradução nossa.)
2. VESELY, Alexander. *Viktor and I.* Documentário, 2010.
3. XAUSA, Izar Aparecida de Moraes. *Viktor Frankl entre nós*: a história da Logoterapia no Brasil e integração pioneira da Logoterapia na América Latina. Porto Alegre: EdiPUCRS, 2012.
4. FRANKL, Viktor. *O que não está escrito nos meus livros.* São Paulo: É Realizações, 2010b, p. 123.
5. *Idem, ibidem, loc. cit.*
6. *Idem, ibidem,* p. 124.
7. *Idem, ibidem,* p. 119
8. TALK SENSE RADIO with Mary Cimiluca. Entrevista com Dr. Elly Frankl. Noetic Films, 2011. Disponível em: https://www.youtube.com/watch?v=FwH7TfZHQ8U. Acesso em: 12 jan. 2023.
9. VESELY, *op. cit.,* 2010.
10. FRANKL, *op. cit.,* 2010b, p. 142.

CAPÍTULO 5 – UM SENTIDO PARA A VIDA

1. FRANKL, Viktor. *A presença ignorada de Deus.* 3. ed. Petrópolis: Vozes, 1993, p. 78.

2. *Idem. Sede de sentido*. São Paulo: Quadrante, 2016a, p. 56-57.

3. CAMUS, Albert. *O homem revoltado*. Rio de Janeiro: Edições Bestbolso, 2020, p. 15. (Trabalho originalmente publicado em 1951.)

4. *Idem, ibidem,* p. 13.

5. *Idem, ibidem,* p. 17.

6. MERTON, Thomas. *Homem algum é uma ilha*. Rio de Janeiro: Petra, 2021, p. 11.

7. FRANKL, Viktor. *Em busca de sentido*: um psicólogo no campo de concentração. Petrópolis: Vozes, 2008, p. 152. (Trabalho originalmente publicado em 1946.)

8. *Idem, ibidem, loc. cit.*

9. Bíblia Sagrada, Ecl. 1:1,2.

10. CAMUS, Albert. *O mito de Sísifo*. Rio de Janeiro: Record, 2021, p. 18.

11. FRANKL, Viktor. *Psicoterapia e sentido da vida*. São Paulo: Quadrante, 1989a, p. 82.

12. *Idem. A presença ignorada de Deus*. 3. ed. Petrópolis: Vozes, 1993, p. 100.

13. *Idem. Um sentido para a vida:* psicoterapia e humanismo. São Paulo: Ideias e Letras, 2005, p. 17.

14. *Idem, op. cit.*, 2008, p. 101.

15. *Idem, ibidem,* p. 133.

16. *Idem. A vontade de sentido*. São Paulo: Paulus, 2011, p. 72. (Trabalho originalmente publicado em 1969)

17. *Idem, op. cit.*, 2008, p. 133.

18. *Idem, op. cit.*, 2011, p. 79.

19. *Idem, ibidem,* 2016, p. 35.

20. *Idem, op. cit.*, 2011, p. 75.

21. *Idem, op. cit.*, 2008, p. 135.

22. *Idem, op. cit.*, 2011, p. 73.

23. *Idem, op. cit.*, 2005, p. 15.

24. *Idem, op. cit.*, 2011, p. 19.

25. *Idem, ibidem,* p. 197.

CAPÍTULO 6 – O QUE É O HOMEM?

1. MICHAELSON, Jay. Golem. *My Jewish Learning*. Disponível em: https://www.myjewishlearning.com/article/golem/. Acesso em: 12 jan. 2023.

2. FRANKL, Viktor. *A vontade de sentido*. São Paulo: Paulus, 2011, p. 36. (Trabalho originalmente publicado em 1969.)

3. *Idem. Logoterapia e análise existencial*. São Paulo: Forense Universitária, 2012, p. 59.

4. *Idem, ibidem,* p. 63.

5. *Idem, op. cit.*, 2011, p. 36.

6. *Idem. Um sentido para a vida*: psicoterapia e humanismo. São Paulo: Ideias e Letras, 2005, p. 15.

7. *Idem, op. cit.*, 2012, p. 64.

8. *Idem, ibidem*, p. 62.

9. *Idem. A presença ignorada de Deus*. 3. ed. Petrópolis: Vozes, 1993, p. 23.

10. *Idem, op. cit.*, 2011, p. 67.

11. *Idem. Em busca de sentido*: um psicólogo no campo de concentração. Petrópolis: Vozes, 2008, p. 135. (Trabalho originalmente publicado em 1946.)

12. *Idem, op. cit.*, 2005, p. 36.

13. *Idem, op. cit.*, 2008, p. 135.

14. *Idem, op. cit.*, 2005, p. 93.

15. *Idem, op. cit.*, 1993, p. 101.

16. *Idem, op. cit.*, 2005, p. 29.

17. *Idem, ibidem*, p. 35.

18. *Idem, op. cit.*, 2012, p. 59.

19. *Idem, op. cit.*, 2005, p. 50.

20. *Idem, op. cit.*, 2008, p. 153.

21. *Idem, op. cit.*, 2005, p. 50.

22. *Idem, op. cit.*, 2012, p. 99.

23. *Idem, op. cit.*, 2008, p. 154.

24. STATUE of responsibility. Disponível em: https://statueofresponsibility.org/. Acesso em: 12 jan. 2023.

25. FRANKL, Viktor. *Em busca de sentido*: um psicólogo no campo de concentração. Petrópolis: Vozes, 2008, p. 152. (Trabalho originalmente publicado em 1946.)

CAPÍTULO 7 – UMA RESPOSTA AO SOFRIMENTO

1. FRANKL, Viktor. *A presença ignorada de Deus*. 3. ed. Petrópolis: Vozes, 1993, p. 103.

2. *Idem. A vontade de sentido*. São Paulo: Paulus, 2011, p. 94. (Trabalho originalmente publicado em 1969.)

3. *Idem. Em busca de sentido*: um psicólogo no campo de concentração. Petrópolis: Vozes, 2008, p. 113. (Trabalho originalmente publicado em 1946.)

4. MANNING, Brennan. *O evangelho maltrapilho*. São Paulo: Mundo Cristão, 2005, p. 89-90.

5. FRANKL, *op. cit.*, 2008, p. 119.

6. LUKAS, Elisabeth. Homo patiens. *Elisabeth Lukas Archive*. Disponível em: https://www.elisabeth-lukas-archiv.de/welcome-englisch/current-texts/homo-patiens/. Acesso em: 11 jan. 2023.

7. FRANKL, *op. cit.*, 2008, p. 119.

8. *Idem, ibidem*, p. 134.

9. *Idem, ibidem*, p. 138.

10. ESPINOSA. Quinta parte: Do poder do espírito ou a liberdade humana. *In*: ESPINOSA. *Ética*, sentença III. (Trabalho originalmente publicado em 1677.)

11. NIETZSCHE, Friedrich. *Crepúsculo dos ídolos*, sentença 12. (Trabalho originalmente publicado em 1889.)

12. FRANKL, *op. cit.*, 2008, p. 137.

13. *Idem, ibidem,* p. 136.

14. FRANKL, V. E. *A vontade de sentido*: fundamentos e aplicações da logoterapia. São Paulo: Paulus, 2016, p. 91.

15. *Idem, ibidem,* p. 90.

16. *Idem, op. cit.*, 2008, p. 139.

17. *Idem, op. cit.*, 2005, p. 91.

18. *Idem, Logotherapie und Existenzanalyse*. Weinheim; Basel: Beltz, 2010a, p. 137.

19. *Idem, op. cit.*, 2005, p. 44.

20. *Idem, op. cit.*, 2008, p. 136.

21. *Idem, ibidem,* p. 161.

22. *Idem, op. cit.*, 2011, p. 28.

23. *Idem, op. cit.*, 2008, p. 62.

24. *Idem, ibidem,* p. 116.

25. QUAL a maior profundidade que um mergulhador pode atingir? *Evidive*. Disponível em: https://www.evidive.com.br/maior-profundidade/. Acesso em: 11 jan. 2023.

26. FRANKL, *op. cit.*, 2008, p. 116.

27. *Idem, ibidem, loc. cit.*

28. *Idem, ibidem,* p. 98.

29. *Idem, ibidem,* p. 97.

30. BUARQUE, Chico. "Apesar de você". Philips Records, 1978.

31. FRANKL, *op. cit.*, 2008, p. 107-108.

32. *Idem, ibidem,* p. 119.

33. *Idem, ibidem, loc. cit.*

34. *Idem, ibidem, loc. cit.*

35. *Idem, op. cit.*, 2005, p. 94.

36. *Idem, op. cit.*, 1993, p. 35.

37. *Idem, op. cit.*, 1993, p. 103-104.

CAPÍTULO 8 – O LOGOS É MAIS PROFUNDO DO QUE A LÓGICA

1. FRANKL, Viktor. *A presença ignorada de Deus*. 3. ed. Petrópolis: Vozes, 1993, p. 11.

2. *Idem. A vontade de sentido*. São Paulo: Paulus, 2011, p. 118. (Trabalho originalmente publicado em 1969.)

3. *Idem. Chegará o dia em que serás livre*. São Paulo: Quadrante, 2022.

4. *Idem, op. cit.*, 1993, p. 75.

5. *Idem, ibidem,* p. 78.

6. *Idem, ibidem, loc. cit.*

7. *Idem, ibidem,* p. 104.

8. *Idem, ibidem,* p. 76.

9. *Idem, ibidem, loc. cit.*

10. *Idem, ibidem*, p. 105.
11. *Idem, ibidem*, p. 106.
12. *Idem, ibidem*, p. 104.
13. *Idem, ibidem, loc. cit.*
14. *Idem, ibidem*, p. 106.
15. "Creio porque é absurdo", expressão atribuída a Tertuliano (155 d.C.-220 d.C.), pai da Igreja, diante das tentativas de conciliação entre fé e razão existentes desde o início do cristianismo.
16. FRANKL, *op. cit.*, 1993, p. 107.
17. *Idem, ibidem*, p. 107-108.
18. *Idem, ibidem*, p. 108.
19. *Idem, ibidem*, p. 78.
20. *Idem, ibidem*, p. 112.
21. *Idem, ibidem*, p. 78.
22. PSYCHIATRY: meaning in life. Interview with Viktor Frankl. *Time*, 2 fev. 1968. Disponível em: https://content.time.com/time/subscriber/article/0,33009,837808,00.html. Acesso em: 11 jan. 2023.
23. FRANKL, *op. cit.*, 1993, p. 79, tradução nossa.
24. *Idem, ibidem*, p. 112, tradução nossa.
25. *Idem, ibidem*, p. 79, tradução nossa.
26. CARRANÇA, Thaís. Jovens "sem religião" superam católicos e evangélicos em SP e Rio. *BBC News Brasil*, São Paulo, 9 maio 2022. Disponível em: https://www.bbc.com/portuguese/brasil-61329257. Acesso em: 11 jan. 2023.
27. FRANKL, *op. cit.*, 1993, p. 79.
28. *Idem, ibidem*, p. 109.
29. *Idem, ibidem*, p. 112.
30. *Idem, ibidem, loc. cit.*
31. *Idem, ibidem*, p. 113.
32. *Idem, ibidem, loc. cit.*
33. *Idem, op. cit.*, 2011, p. 115.

CAPÍTULO 9 – APOLOGIA DA PAZ

1. SHERIF, M. et al. Intergroup conflict and cooperation: the robbers cave experiment. Chapter 7: Intergroup relations: reducing friction (stage 3). *Classics in the History of Psycology*. Disponível em: http://psychclassics.yorku.ca/Sherif/chap7.htm. Acesso em: 11 jan. 2023. (Trabalho originalmente publicado em 1961.)
2. FRANKL, Viktor. *Em busca de sentido:* um psicólogo no campo de concentração. Petrópolis: Vozes, 2008, p. 122. (Trabalho originalmente publicado em 1946.)
3. *Idem. A questão do sentido em psicoterapia*. Campinas: Papirus, 1990, p. 24.
4. *Idem. Um sentido para a vida:* psicoterapia e humanismo. Aparecida: Santuário, 1989b, p. 37.
5. *Idem. Fundamentos antropológicos da psicoterapia*. Rio de Janeiro: Zahar Editores, 1978.

6. *Idem, ibidem,* p. 52-53.

7. AQUINO, Thiago A. A.; CRUZ, Josilene S.; GOMES, Eliseudo S. G. Monantropismo e movimento para a paz no pensamento de Viktor Frankl. *Interações*, v. 14, n. 26, p. 297-314, jul./dez. 2019.

8. FRANKL, *op. cit.*, 2008, p. 171.

9. AQUINO; CRUZ; GOMES, *op. cit.*, p. 304.

10. FRANKL, *op. cit.*, 1989b, p. 64.

11. CHUL-HAN, Byung. *A sociedade do cansaço*. Petrópolis: Vozes, 2020.

12. FRANKL, Viktor. *Teoria e terapia das neuroses*. São Paulo: É Realizações, 2016b, p. 164.

13. *Idem, ibidem,* p. 166.

14. *Idem. A presença ignorada de Deus*. 3. ed. Petrópolis: Vozes, 1993, p. 101.

15. *Idem, op. cit.*, 2008, p. 131.

16. *Idem, ibidem, loc. cit.*

17. *Idem, ibidem, loc. cit.*

18. *Idem, op. cit.*, 2016b, p. 166.

19. *Idem, ibidem, loc. cit.*

20. *Idem, ibidem,* p. 167.

21. *Idem, ibidem,* p. 168.

22. *Idem, ibidem,* p. 169.

23. *Idem, ibidem, loc. cit.*

24. *Idem, op. cit.*, 2008, p. 81.

25. I, Fiódor. *Os irmãos Karamázov*. São Paulo: Editora 34, 2012, p. 289.

26. FRANKL, *op. cit.*, 2008, p. 30.

27. *Idem, ibidem, loc. cit.*

28. *Idem, ibidem,* p. 136.

29. LENNON, John. "Imagine". Apple, 1971.

30. FRANKL, *op. cit.*, 2008, p. 175.

31. Bíblia Sagrada, Gênesis, 4:9.

32. FRANKL, *op. cit.*, 2008, p. 73.

33. SPIEGELMAN, Art. *Maus*: a história de um sobrevivente. São Paulo: Companhia das Letras, 2002, p. 205.

34. BAUMAN, Zygmunt. *Modernidade e Holocausto*. Rio de Janeiro: Jorge Zahar Editor, 1998, p. 12.

35. *Idem, ibidem,* p. 109.

Editora Planeta Brasil | 20 ANOS

Acreditamos nos livros

Este livro foi composto em Aller e impresso pela Gráfica Santa Marta para a Editora Planeta do Brasil em maio de 2023.